职业教育计算机专业改革创新示范教材

局域网组建与维护项目教程

主　编　钮立辉

副主编　张月辉

参　编　葛　特　于永胜　赵东伟　郭丽娜

主　审　施德江

机械工业出版社

本书是为计算机网络课程中的工程实习和训练教学编写的一本教材。主要介绍了 VMware Workstation 虚拟机软件的使用与配置、有线局域网组建与维护的相关知识、Windows Server 2003 常用网络服务、路由器、交换机的基础知识。详尽地讲述了实际工程应用中常用的局域网组网、路由器和交换机配置等技术。

本书以项目教学方式编写，共分 9 个项目 38 个任务，每个任务均给出任务需求、任务分析、知识准备、设备环境、任务描述、任务实施、结果验证、注意事项等。本书配套的电子教学资源包里还给出了实训报告的样式。能够让读者通过具体详实的任务学习掌握当前常用的局域网组建与维护的知识和技能。本书实践性很强，旨在帮助读者在学习了计算机网络基础理论和基础知识的前提下，进行网络工程的应用训练。

为方便教师教学，本书配有电子教学资源包，选用本书作为教材的教师可以从机械工业出版社教材服务网（www.cmpedu.com）免费注册下载或联系编辑（010-88379194）咨询。

本书适用于职业院校计算机网络技术专业的学生使用，也可作为计算机网络专业技术人员的参考书或培训教程及相关行业技术人员基础学习教材与实用指南。

图书在版编目（CIP）数据

局域网组建与维护项目教程/ 钮立辉主编. — 北京：机械工业出版社，2013.6（2018.2重印）

职业教育计算机专业改革创新示范教材

ISBN 978-7-111-42379-9

Ⅰ. ①局…　Ⅱ. ①钮…　Ⅲ. ①局域网—职业教育—教材
Ⅳ. ①TP393.1

中国版本图书馆 CIP 数据核字（2013）第 092254 号

机械工业出版社　（北京市百万庄大街22号　邮政编码100037）
策划编辑：梁　伟　责任编辑：蔡　岩
版式设计：霍永明　责任校对：薛　娜
封面设计：鞠　杨　责任印制：杨　曦
北京宝昌彩色印刷有限公司印刷
2018 年 2 月第 1 版第 3 次印刷
184mm×260mm · 14.75印张 · 359千字
4001-5000册
标准书号：ISBN 978-7-111-42379-9
定价：39.00元

前　言

随着全国计算机网络技能大赛的开展，现在很多职业类学校已经开始重视局域网组建及相关网络学科的设置。目前局域网组建的教材较多，但针对技能大赛的相关实训教材在国内的图书市场上相对比较少。本书主要是为适应各类职业院校开展网络课教学及技能培训而编写。

计算机网络技术发展异常迅速，相关的网络硬件产品更新换代更快，完全购买真实的物理硬件设备来完成实训成本太高，也不现实。在计算机软件飞速发展的今天，完全可以使用虚拟软件在一台高性能的计算机上完成绝大多数的项目和任务。本书采用了 VMware Workstation 虚拟机和 Cisco Packet Tracer 软件进行部分项目的实训，方便读者学习和实验，同时也编写了 VMware Workstation 软件的相关实训项目，旨在以实用为原则，在实验实训设备要求不高的条件下，来完成局域网组建与维护。本书共分 9 个项目 38 个任务，具体内容如下：

项目 1　主要介绍虚拟机软件 VMware Workstation 的基础知识和如何使用 VMware Workstation 建立虚拟网络环境，为后续实训内容做准备。

项目 2　主要介绍 IPv4 地址分类与编址方法、如何规划 IP 和子网划分等网络基础知识及相关实例。

项目 3　主要介绍标准 T568A 及 T568B 线缆的制作方法和步骤、常见无线局域网设备、不同属性设备如何连接及注意事项、双机互联实例等。

项目 4　主要介绍如何构建 Windows XP 对等网、局域网中如何共享文件及打印机、多机上网如何使用 Internet 共享。

项目 5　主要介绍 Windows Server 2003 常用服务中的 WWW、DNS、FTP、DHCP 的详细安装和配置步骤。

项目 6　主要介绍交换机 Telnet 及 Web 方式管理、密码恢复等常见的交换机基本配置和管理方法。

项目 7　主要介绍 VLAN 创建、不同交换机同一 VLAN 间的通信、VLAN 间路由、静态路由与默认路由、链路聚合、端口镜像、端口和 MAC 地址绑定、交换机 MAC 与 IP 的绑定、访问控制列表 ACL 的配置等交换机的高级配置及管理方法。

项目 8　主要介绍路由器 Telnet 方式管理、密码恢复等常见的路由器基本配置和管理方法。

项目 9　主要介绍路由器的静态路由及默认路由配置、RIP 的配置、NAT 地址转换、单臂路由、路由器综合实训、交换机/路由器综合实训等交换机的高级配置及管理方法。

本书主编具有多年从事网络方面教学的经验，在计算机网络技术类全国竞赛中，指导学生参赛并多次获奖。参加编写的人员也都是教学一线有丰富经验的人员。在编写本书的过程中，充分考虑到了读者的需要和使用习惯，内容深入浅出，通俗易懂、形式生动活泼，轻理论重实践。全书的整体结构以实训为主，采用项目式教学方法，以案例形式由浅到深，由易到难的顺序编写。各章节安排实例丰富、学习规律明显，注重专业特色与网络教学规律的有机结合。知识的学习循序渐进,实践性和实用性强，紧扣当前职业院校学生和职业就业能力的要求，注重培养网络技术的实用技能。

　　本书由钮立辉任主编并统稿，张月辉任副主编，葛特、于永胜、赵东伟、郭丽娜参与编写，由施德江任主审。其中钮立辉编写了项目 1，于永胜编写了项目 2、项目 3，葛特编写了项目 4、项目 5，郭丽娜编写了项目 6，赵东伟编写了项目 7，张月辉编写了项目 8、项目 9。

　　由于编者水平有限，书中遗漏和不足之处在所难免。恳请广大读者提出宝贵意见。

编　者

目　录

项目 1　虚拟机软件 VMware

目前计算机已经不再是稀有产品了，大多数家庭都拥有，但想组建一个自己的局域网或者做个小规模的实验，一台机器是不够的，最少也要两三台计算机。但是，为了做几个实验再买计算机就不值了。有没有既不添置新计算机又能完成很多网络实验功能的办法呢？虚拟机可以帮助我们解决这个问题。虚拟机可以在一台计算机上虚拟出很多的主机，只要真实主机的配置足够就可以了。现在以使用最广、认可度最高的虚拟机软件 VMware 为例进行讲解。

VMware Workstation 是 VMware 公司设计的专业虚拟机，可以虚拟现有任何操作系统，而且使用简单，容易上手。下面就介绍 VMware 的使用方法，本项目使用的是最新的 VMware 7.1.2。

学习目标

- VMware Workstation 的安装
- VMware Workstation 的配置
- VMware Workstation 安装 windows XP 系统实例

任务 1　安装 VMware Workstation

安装 VMware Workstation 软件后可用来创建虚拟机，在虚拟机上再安装系统，在这个虚拟系统上再安装应用软件，所有应用就像操作一台真正的计算机一样。我们可以利用虚拟机学习安装操作系统，学习使用 Ghost、硬盘分区格式化，测试各种软件或病毒验证等工作，当然也可以组建网络。即使误操作也不会对你的真实计算机造成任何影响，因此虚拟机是个学习计算机知识的好帮手。

任务需求

信息学校网络实训室有 30 台计算机，在进行 Windows XP 网络实训时，有 30 名学生同时进行实训，要求每名学生有 2 台计算机才能进行试验。因此进行这次实训需要 60 台计算机才能完成，可是没有足够的计算机，老师发愁了。

任务分析

想要一次性完成本任务，还缺少 30 台计算机，如果现购 30 台计算机，一是时间不够，二是实训室空间也难以容纳，为了不影响实训又不需增加计算机，经老师研究决定，为每台计算机安装 VMware Workstation 7.1.2 虚拟机软件，这样就可以在一台计算机上再虚拟出一台计算机来完成任务了。

知识准备

1. VMware Workstation 简介

VMware 是一个虚拟计算机软件。它可以在一台计算机上同时运行两个或更多个 Windows、DOS、Linux 系统。与"多启动"系统相比，VMware 采用了完全不同的概念。多启动系统在一个时刻只能运行一个系统，在系统切换时需要重新启动计算机。VMware 是真正"同时"运行，多个操作系统在主系统的平台上，就像标准 Windows 应用程序那样切换。而且每个操作系统都可以进行虚拟的分区、配置而不影响真实硬盘的数据，甚至可以通过网卡将几台虚拟机连接为一个局域网，极其方便。

2. 安装 VMware Workstation 7.1.2 主机要求

1）主机 CPU：2GB 及以上。
2）主机硬盘：80GB 及以上。
3）主机系统：Windows 2000 /Windows XP/Windows vista/Windows 7/Linux。
4）主机内存：1GB 及以上。
5）主机网卡：10MB 及以上。
6）主机光驱：真实设备或光盘映像文件。
7）其他设备：不限制。

设备环境

1）一台满足 VMware Workstation 7.1.2 安装要求的主机，操作系统为 Windows XP。
2）VMware Workstation 7.1.2 安装软件包。

任务描述

1）在操作系统为 Windows XP 的主机上安装 VMware Workstation 7.1.2 虚拟机软件。
2）运行 VMware Workstation 7.1.2 虚拟机，建立一个适合 Windows XP 专业版的模拟的环境，进入到虚拟机的 BIOS 环境。

任务实施

1. 安装 VMware Workstation 7.1.2

1）双击安装程序后显示 VMware Workstation 安装向导窗口，如图 1-1 所示。
2）单击"Next"按钮，会弹出"Typical（典型安装）"或"Custom（自定义安装）"选项窗口，如图 1-2 所示。

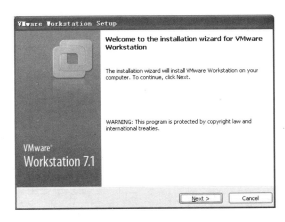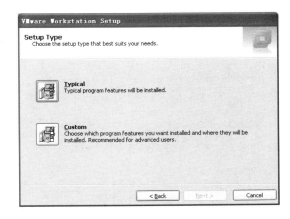

图 1-1　VMware Workstation 安装向导窗口　　　图 1-2　VMware Workstation 安装类型选项窗口

3）单击 "Typical" 左侧的图标按钮。弹出安装目的文件夹窗口。单击 "Change" 按钮可以更改程序的安装位置，如图 1-3 所示。

4）单击 "Next" 按钮，进入到软件更新提示窗口，提示是否检查新版本进行软件更新。此处我们去掉 "Check for product updates on startup" 复选框前面的对勾，不进行软件更新，如图 1-4 所示。

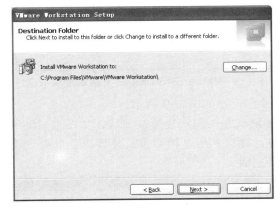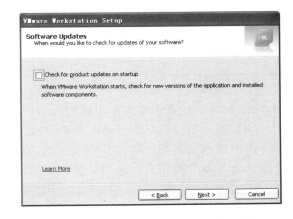

图 1-3　VMware Workstation 选择安装位置窗口　　　图 1-4　VMware Workstation 软件更新

5）单击 "Next" 按钮，进入到用户是否发送问题或错误数据报告窗口，如图 1-5 所示。提示是否愿意把存在的问题和错误发送给 VMware 公司。此处我们去掉 "Help improve VMware Workstation" 复选框前面的对勾，不发送错误报告。

6）单击 "Next" 按钮，进入到创建快捷方式窗口，如图 1-6 所示。提示是否在 "桌面"、"开始菜单" 或 "快速启动栏" 处建立快捷方式图标。

7）单击 "Next" 按钮，进入到准备进行安装窗口，如图 1-7 所示提示是否进行修改设置、继续安装还是取消安装。

8）单击 "Continue" 按钮，进入到安装进度提示窗口，如图 1-8 所示提示安装的过程和进度状态。

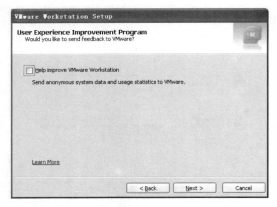

图 1-5　VMware Workstation 错误报告窗口

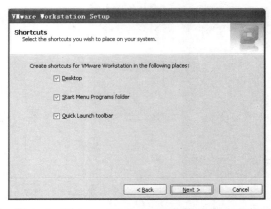

图 1-6　VMware Workstation 创建快捷方式窗口

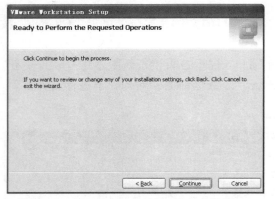

图 1-7　VMware Workstation 准备安装窗口

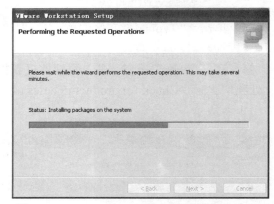

图 1-8　VMware Workstation 安装进度状态窗口

9）安装过程提示结束后出现输入软件序列号窗口，如图 1-9 所示。

10）输入正确的序列号后，单击"Enter"按钮，进入到安装完成窗口，如图 1-10 所示。图中提示安装的过程已经完成，是立即重启计算机，还是稍后重启计算机。此处单击"Restart Now"按钮立即重启计算机。软件安装完成。

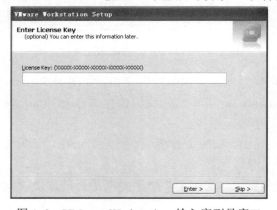

图 1-9　VMware Workstation 输入序列号窗口

图 1-10　VMware Workstation 安装完成窗口

2．运行虚拟机，建立各项要求为默认的虚拟机，观察调试虚拟机的 BIOS 环境

1）双击桌面上的"VMware Workstation"图标，启动刚刚安装完成的虚拟机软件。第

一次运行会弹出软件使用许可协议，如图 1-11 所示。

2）选择"Yes,I accept the terms in the license agreement"单选按钮，单击"OK"按钮后进入到 VMware Workstation 软件的主界面，如图 1-12 所示。

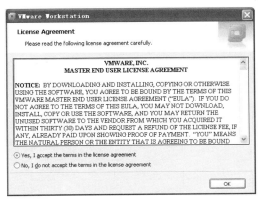
图 1-11　VMware Workstation 使用许可协议窗口

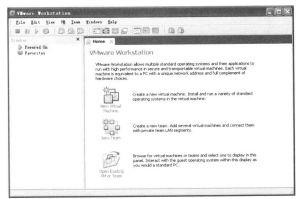
图 1-12　VMware Workstation 主界面

3）单击图 1-12 中"Home"选项卡中的"New Virtual Machine"图标按钮，进入到新建虚拟机向导窗口，如图 1-13 所示，提示是选择典型还是自定义方式建立虚拟机。

4）选择"Typical"方式，单击"Next"按钮，进入到客户机操作系统安装窗口，如图 1-14 所示。提示用户安装操作系统所使用的磁盘设备类型。如果选择"Installer disc:"表示使用物理光驱来安装操作系统。选择"Installer disc image file(iso):"表示使用镜像文件来安装操作系统。选择"I will install the operating system later"表示暂时先不进行操作系统安装。此处选择"I will install the operating system later"单选按钮。

图 1-13　新建虚拟机类型选择窗口

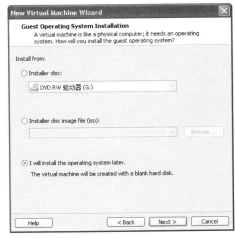
图 1-14　新建虚拟机客户机操作系统安装窗口

5）单击"Next"按钮，进入到操作系统选择窗口，如图 1-15 所示。为客户机选择适合的操作系统环境。我们在"Guset operating system"选项里选择"Microsoft Windows"单选按钮，在"Version"选项里选择"Windows XP Professional"选项。

6）单击"Next"按钮进入到虚拟机命名窗口，如图 1-16 所示。此处可以为虚拟机自定义一个名称并设置虚拟机在主机中磁盘的安装位置。

图 1-15　新建虚拟机操作系统选择窗口　　　　图 1-16　新建虚拟机名称位置定义窗口

7）单击"Next"按钮进入到虚拟机磁盘设置窗口，如图 1-17 所示。此处可以为虚拟机自定义磁盘的容量大小。

8）单击"Next"按钮进入到准备创建虚拟机窗口，如图 1-18 所示。提示参数设置已经完成。是否进行修改设置、完成设置还是取消。要修改虚拟机的硬件参数可以单击"Customize Hardware…"按钮进行设置，如果单击"Finish"按钮，则向导将按前面的自定义设置及系统默认的硬件配置完成虚拟机的建立。

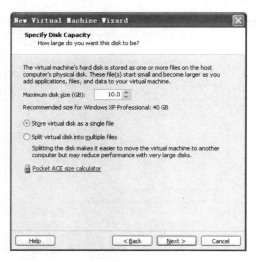

图 1-17　新建虚拟机定义磁盘窗口　　　　　图 1-18　新建虚拟机完成确认窗口

9）单击"Finish"按钮，建立完成适合 Windows XP Professional 操作系统环境的虚拟机，如图 1-19 所示。

10）在虚拟机"Windows XP Professional"的选项卡标签上单击鼠标右键，在弹出的快捷菜单中选择"Power on"选项，虚拟机开始启动过程，按<F2>键进入虚拟机的 BIOS 窗口，如图 1-20 所示。

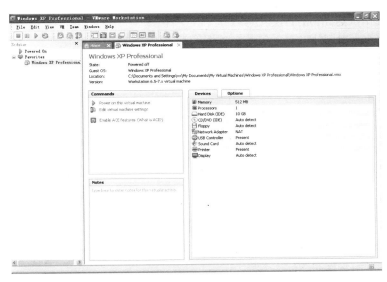

图 1-19　新建虚拟机状态窗口

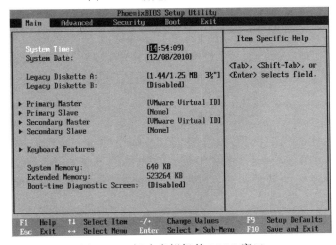

图 1-20　新建虚拟机的 BIOS 窗口

结果验证

1）如果计算机硬件和操作系统满足要求，则安装 VMware Workstation 7.1.2 一般不会出现问题，安装结束后重新启动计算机，在网络连接窗口中会增加"VMware Virtual Ethernet Adapter for VMnet 1"和"VMware Virtual Ethernet Adapter for VMnet8"两块虚拟网卡。

2）双击桌面上的"VMware Workstation"图标或单击开始菜单→VMware→VMware Workstation 启动虚拟机，如果启动不出现错误提示，则说明 VMware Workstation 7.1.2 安装正常。

注意事项

1）虚拟机 VMware Workstation 7.1.2 到目前为止还没有推出中文版，在安装时提示信息全部为英文，安装软件时注意理解提示信息的含义，避免安装发生错误。

2）VMware Workstation 的汉化程序较多，汉化质量不尽相同，笔者不建议使用。如果确实需要汉化可参见本书配套的电子教学资源包，安装其中的汉化包即可。

3）VMware Workstation 对主机的系统性能要求较高，尤其是内存容量需求较大，如果在使用过程中，虚拟机或主机运行较慢，请检查主机各项配置是否满足 Vmware Workstation 的安装要求。

实训报告

请参见本书配套的电子教学资源包，填写其中的实训报告。

任务 2　配置 VMware Workstation

当 VMware Workstation 7.1.2 安装完成后，接下来我们需要对 VMware Workstation 7.1.2 的环境进行配置以满足不同的实训需求。

任务需求

在任务 1 中所要求的实验环境，由于安装了虚拟机现在已经满足条件，可以进行实训了，为了能充分发挥当前主机的性能，使实训顺利完成，现在还需要对 VMware Workstation 虚拟机的环境进行一下优化和配置，精简虚拟机的硬件配置。

任务分析

考虑到实训室的计算机配置相对较低，运行 VMware Workstation 后性能会有影响，Windows XP 网络实训所需的硬件配置较低，可以去掉不必要的网络连接及与实训无关的相关硬件，为了保证实训的效果，只在虚拟环境中添加桥接方式的网络适配器、CUP、内存、显示、光驱即可。

知识准备

VMware Workstation 虚拟机本身是一个应用程序，它需要在真实的计算机上进行安装才能使用，我们操作它首先要掌握 VMware Workstation 的程序界面和菜单的使用方法。下面就对 VMware Workstation 7.1.2 的界面和菜单进行简单介绍。

1. VMware Workstation 7.1.2 的界面

要想熟练使用 VMware，首先要了解 VMware Workstation 的界面组成，掌握系统操作技巧。如图 1-21 所示。

VMware Workstation 的界面非常简洁，最上面是标题栏，在标题栏的任意位置，单击鼠标右键，会弹出快捷菜单，如图 1-22 所示。如果选中菜单中的 "Hide Controls" 选项，VMware Workstation 界面的菜单和工具栏就会隐藏，再次选中此菜单项，菜单和工具栏就会重新出现。

VMware Workstation7.1.2 的标准工具栏有 4 个，如图 1-23 所示。它们是 Power、Snapshot、View、Replay，功能分别为电源管理、快照管理、查看管理、回放管理。

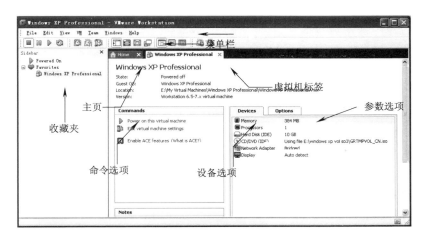

图 1-21　VMware Workstation 的界面组成

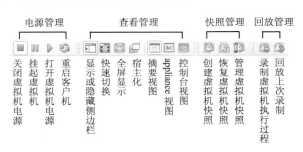

图 1-22　VMware Workstation 快捷菜单　　　图 1-23　VMware Workstation 工具栏

收藏夹内可记录建立或可进行操作的虚拟机名称，收藏夹列表内的项目可以随时进行添加或删除，当虚拟机电源打开时，电源打开的虚拟名称会显示到 Powered on 项目列表中。

主页标签中包括新建虚拟机、新建组、打开存在的虚拟机或组 3 个项目，可进行虚拟机或组的新建或打开操作。

当虚拟机建立后，每个虚拟机的标签都会包含 3 个基本项目：Commands（命令选项）、Devices（设备选项）、Options（参数选项）。在命令选项中可以打开虚拟机的电源和修改虚拟机的参数；在设备选项中可以查看当前虚拟机的设备情况，当双击某个设备可以进入到虚拟机硬件设置窗口，对其进行修改；在参数选项中可以查看当前虚拟机的相关详细参数设置。当双击某个参数选项时可以进入到虚拟机参数选项设置窗口，对其进行修改。

2. VMware Workstation 7.1.2 菜单

VMware Workstation 7.1.2 的菜单主要有 File、Edit、View、VM、Team、Windows、Help。分别对应的中文意思为文件、修改、查看、虚拟机、组、窗口、帮助，其中常用的有 Edit、VM。

（1）File（文件）菜单　该菜单中的项目可以对虚拟机所建立或产生的文件进行操作，可以完成新建虚拟机、对已经存在的虚拟文件的打开、将物理计算或虚拟计算机进行相互转换、关闭当前选定的虚拟机标签、映射或断开虚拟机磁盘、从收藏夹中移除虚拟机、退出 VMware Workstation 程序的功能，如图 1-24 所示。

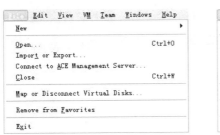

图 1-24　VMware Workstation File 菜单

（2）Edit（编辑）菜单　该菜单的命令包括 Cut（剪切）、Copy（复制）、Paste（粘贴）、Virtual Network Editor（编辑虚拟网络）命令和 Preferences（参数）命令。前 3 个编辑命令主要是在注释和快照管理器等软件中编辑有文本方面内容时使用，如图 1-25 所示。

图 1-25　VMware Workstation Edit 菜单

（3）View（查看）菜单　该菜单用来以不同的方式显示正在运行虚拟机的窗口、分辨率，虚拟机的状态，以及是否显示工具栏上的各按钮、是否显示收藏夹等，如图 1-26 所示。

图 1-26　VMware Workstation View 菜单

图 1-26 中各选项命令如下。

1）Full Screen：当虚拟机正在运行时，选择此命令将把虚拟机切换到全屏状态，其快捷键为<Ctrl+Alt+Enter>。

2）Quick Switch：此命令用于实现快速切换功能，其快捷键为<F11>。

3）Unity：此命令把运行于多个虚拟机上的应用集中到宿主机上，让程序可以像直接安装在宿主机上一样运行。

4）Current View：实现摘要视图、设备视图、控制台视图的相互切换。

5）Autofit Window：此命令用于自动调整 VMware Workstation 窗口的大小。选中此选项时，VMware Workstation 的窗口会随着运行的虚拟机的窗口大小（即虚拟机中的分辨率）

自动进行调整，即根据虚拟机窗口调整 VMware Workstation 窗口。

6）Autofit Guest：此命令用于自动调整虚拟机窗口大小。选中此选项时，虚拟机中桌面的分辨率会根据 VMware 的窗口进行自动调整（匹配），即根据 VMware Workstation 窗口调整虚拟机窗口，此命令在进入 Windows 操作系统并且安装了 VMware Tools 后才有效。使用这项功能将有助于实现任意的虚拟机屏幕分辨率。

7）Fit Window Now：此命令在虚拟机运行时有效。选中此选项时，软件将立刻根据虚拟机窗口调整 VMware Sewer 窗口大小。

8）Fit Guest Now：此命令在虚拟机运行时，安装了 VMware Tools 并且进入操作系统窗口界面时有效。选中此选项时，软件将立刻根据 VMware Workstation 窗口大小调整虚拟机的显示分辨率。Fit Window Now 命令和 Fit Guest Now 命令在使用 Team 时特别有用，本书将在实验中介绍其使用方法。

9）Go to Home Tab：此命令表示转到 Home 标签，相当于单击虚拟机标签栏上的 Home 按钮。

10）Sidebar：此命令显示或关闭侧边栏，对应快捷键为<F9>。

11）Toolbars 命令包括 3 个：

① Toolbars+Power 指是否在工具栏上显示"电源"相关按钮，包括关机、休眠、开机、复位 4 个按钮。

② Toolbars+Snapshot 指是否在工具栏上显示"快照"相关按钮，包括制作快照、返回到上一快照 2 个按钮。

③ Toolbars+View 指是否在工具栏上显示"查看"相关按钮，包括收藏夹、全屏、快速查看、虚拟机状况、虚拟机运行界面 5 个按钮。

12）Status Bar：此命令表示是否显示 VMware Workstation 界面底部的状态条。

13）Tabs：此命令表示是否显示虚拟机标签。

14）Downloads：此命令用于下载更新。

（4）VM（虚拟机）菜单 该菜单主要用来修改或查看虚拟机的设备、显示当前连接到虚拟机的用户、发送"启动"键、捕捉虚拟机的窗口并保存为 BMP 图像、删除虚拟机（没有运行的）以释放硬盘空间、修改虚拟机的设置等，如图 1-27 所示。其中各选项命令如下。

1）Power：主要用来完成虚拟机的开机、关机、冷启动、休眠与恢复等功能。

2）Removable Devices：主要用来修改虚拟机中的可移动设备，包括光驱、软驱、声卡、网卡、USB 设备等。这个命令需要在虚拟机正在运行时使用，可以用来断开、连接或编辑虚拟机中支持的可移动设备。例如，可以暂时断开虚拟机中的光驱，可以修改使用主机光驱或者主机上的 ISO 镜像文件作为虚拟机的光驱。

3）Pause：暂停虚拟机运行。

4）ACE：设置特定计算环境。

5）Snapshot：主要用来管理虚拟机的快照功能。此命令包括创建快照、删除快照、恢复到上一次快照等功能。

6）Replay：回放之前的记录操作。

7）Install VMware Tools：安装 VMware Tools。

8）Change Version：升级或更新当前的软件版本。

图 1-27　VMware Workstation VM 菜单

9）Connected Users：用来检查当前连接到 VMware 主机的用户，这一选项只在虚拟机运行时有效。

10）Send Ctrl+Alt+Del：向虚拟机发送热启动命令，在 Windows NT、Windows 2000以上系统中，通常使用<Ctrl+Alt+Del>作为登录组合键，在虚拟机中则使用<Ctrl+Alt+Insert>组合键代替<Ctrl+Alt+Del>组合键。

11）Grab Input：获取设备的控制权，相当于在虚拟机窗口中用鼠标单击。

12）Clone：对当前虚拟机 Create a linked clone（创建一个链接的克隆）和 Create a full clone（创建完整克隆）。

13）Capture Screen：用来捕捉当前虚拟机中的界面，并保存为 BMP 文件。

14）Capture Movie：用来捕捉虚拟机屏幕上的变化并保存为.avi 文件。

15）Delete from Disk：从硬盘上删除虚拟机。

16）Save for Offline Use：保存为脱机使用。

17）Settings：设置虚拟机的硬件等详细参数。

（5）Team（组）菜单　该菜单是对分组虚拟机管理的菜单项，可以对分组内的虚拟机进行电源管理、切换管理、增减组内虚拟机及对分组进行设置等，如图 1-28 所示。

图 1-28　VMware Workstation Team 菜单

（6）Windows（窗口）菜单　该菜单项目较少，实际操作时很少用到，多为快捷键操作代替。这里就不详细介绍了，如图 1-29 所示。

（7）Help（帮助）菜单　该菜单项的内容是为虚拟机软件提供在线帮助的查询方式、版权信息等，因为目前只能提供英文的帮助信息，所以这里不做详细讲解，如图 1-30 所示。

图 1-29　VMware Workstation Windows 菜单

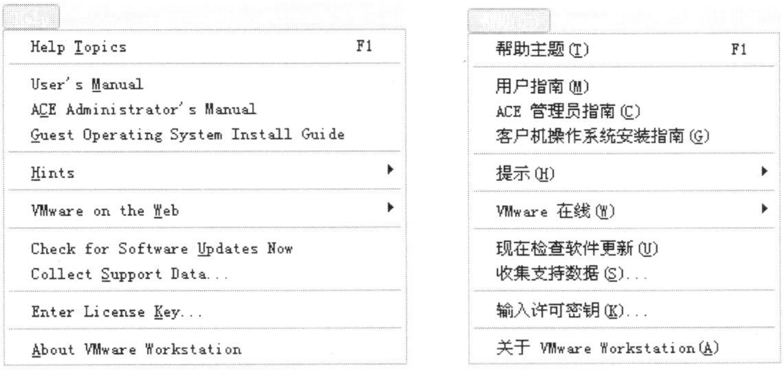

图 1-30　VMware Workstation Help 菜单

设备环境

一台已经安装好 VMware Workstation 7.1.2 的主机。

任务描述

1）去掉 VMware Workstation 中的 Windows XP Professional 虚拟机的"VMware Virtual Ethernet Adapter for VMnet1"和"VMware Virtual Ethernet Adapter for VMnet2"两块虚拟网卡，优化资源，提高物理主机的性能。

2）去掉 VMware Workstation 中的 Windows XP Professional 虚拟机硬件设备中的声音、USB 接口、打印接口和软驱，减少物理主机的资源浪费。将网络适配器设置为桥接方式，设置内存为 384MB，保证物理主机有足够的内存运行其他程序。

任务实施

1）去掉 VMware Workstation 中的 Windows XP Professional 虚拟机的"VMware Virtual Ethernet Adapter for VMnet1"和"VMware Virtual Ethernet Adapter for VMnet2"两块虚拟网卡。

① 启动 VMware Workstation 软件，打开菜单 Edit→Virtual Network Editor...选项（见图 1-31），进入到虚拟机网络设置窗口，如图 1-32 所示。

② 在虚拟机网络设置窗口中，选中 VMnet1 网卡，将 Connect a host virtual adapter to this network 复选框前面的对勾去掉，再次选中 VMnet8 网卡，也将 Connect a host virtual adapter to this network 复选框前面的对勾去掉，单击"OK"按钮即可将这两块虚拟网卡从物理主机的网络连接中去掉，如图 1-32 所示。

2）去掉 VMware Workstation 中的 Windows XP Professional 虚拟机硬件设备中的声音、USB 接口、打印接口和软驱，减少物理主机的资源浪费。将网络适配器设置为桥接方式，设置内存为 384MB，保证物理主机有足够的内存运行其他程序。

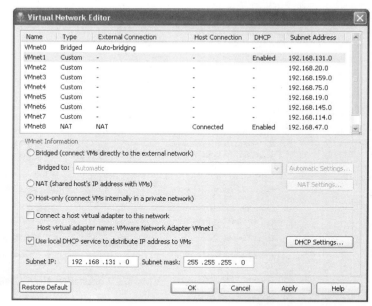

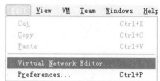

图 1-31　虚拟机 Edit 菜单　　　　　　图 1-32　虚拟机网络设置窗口

① 启动 VMware Workstation 软件，单击任务 1 中我们建立的虚拟机"Windows XP Professional"选项卡标签，单击 Commands 区域的"Edit virtual machine settings"选项进入到虚拟机硬件设置窗口，如图 1-33 所示。

② 分别选择"Hardware"选项卡中的"Floppy"、"USB Controller"、"Sound Card"、"Printer"，然后单击"Remove"按钮，最后单击"OK"按钮完成设置，即可将软驱、USB 接口、声卡、打印接口去掉，如图 1-34 所示。

③ 选择"Hardware"选项卡中的"Network Adapter"选项，在右侧的"Network connection"选项中，单击"Bridged"单选按钮，并勾选"Replicate physical network connection state"复选框，单击"OK"按钮完成设置。

④ 选择"Hardware"选项卡中的"Memory"选项，调整内存大小，在"Memory for virtual machine"后面的输入框中输入 384，单击"OK"按钮完成设置，如图 1-35 所示。

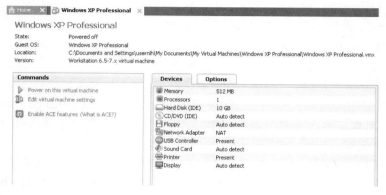

图 1-33　虚拟机硬件设置窗口

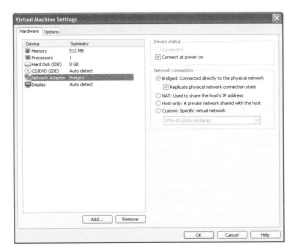

图 1-34　虚拟机硬件列表窗口　　　　　图 1-35　虚拟机内存设置窗口

结果验证

1）打开主机的"网络连接"窗口，查看网卡设置，如果没有"VMware Virtual Ethernet Adapter for VMnet1"和"VMware Virtual Ethernet Adapter for VMnet2"两块虚拟网卡，说明第一个实训内容完成。

2）打开 VMware Workstation 查看 Windows XP Professional 虚拟机的设备列表，如图 1-36 所示。图中的显示说明第二个实训内容完成。

图 1-36　虚拟机设备列表窗口

注意事项

1）Windows XP Professional 虚拟机所列的设备均为虚拟设备，实际设置要参照主机的设置进行调整，不能超过主机硬件的限制。如内存一般设置为主机内存的一半，CPU 个数和核心数也要等于或小于主机。

2）虚拟机的硬件修改与调整和真实的计算机相同，不支持热拔插的设备需要在未启动虚拟机时调整和设置。如果虚拟机已启动则设备列表为灰色不可用状态，说明此设备不支持热拔插，需关闭虚拟机才能设置。

实训报告

请参见本书配套的电子教学资源包，填写其中的实训报告。

任务3 在 VMware Workstation 虚拟机中安装 Windows XP 系统实例

前面已经建立完成 Windows XP Professional 虚拟机的硬件环境，现在我们在虚拟机中安装 Windows XP Professional 操作系统，使其成为一个可运行的虚拟系统。

任务需求

信息学校的 30 台计算机现已全部安装了 VMware Workstation 7.1.2 虚拟机软件，可以进行 Windows XP 网络实训了，现在需要在每台主机上安装一台 Windows XP Professional 操作系统的虚拟计算机来完成前面的实训。

任务分析

在 VMware Workstation 虚拟机中安装 Windows XP Professional 操作系统，实现起来并不复杂，只要主机系统内存、硬盘空间满足虚拟机运行要求即可。在安装时可以使用物理光驱加载系统光盘进行安装，也可以将 Windows XP Professional 系统安装光盘制作成映像文件复制到主机的硬盘上进行安装。使用映像文件安装速度快且不用准备光盘，节约了实训成本。本任务就选用此方法进行讲解。

知识准备

VMware 提供了 3 种工作模式，它们是 Bridged（桥接模式）、Host-only（主机模式）和 NAT（网络地址转换模式）。如果想利用 VMware 安装虚拟机，创建一个与其他网络相连或隔离的虚拟网络系统，进行网络的测试与调试工作。那么，如何选择虚拟系统网络连接模式是非常重要的。如果不理解 VMware 网络的几种工作模式，选择不正确，就无法实现上述目的，也就不能充分发挥 VMware 在网络管理和维护中的作用。下面就介绍 VMware 的 3 种工作模式。

1. 设置 VMware Workstation 联网工作模式

（1）Bridged（桥接模式）

在这种模式下，VMware 虚拟出来的操作系统就像是局域网中和宿主机一样的一台独立的主机，它可以访问网内任何一台机器。在桥接模式下，需要手工为虚拟系统配置 IP 地址、子网掩码，而且还要和宿主机器处于同一网段，这样虚拟系统才能和宿主机器进行通信。同时，由于这个虚拟系统是局域网中的一个独立的主机系统，所以可以手工配置它的 TCP/IP 信息，以实现通过局域网的网关或路由器访问互联网。

使用桥接模式的虚拟系统和宿主机器的关系，就像连接在同一个 Hub 上的两台计算机。想让它们相互通信，就需要为虚拟系统配置 IP 地址和子网掩码。

如果你想利用 VMware 在局域网内新建一个虚拟服务器，为局域网用户提供网络服务，就应该选择桥接模式，如图 1-37 所示。

（2）Host-only（主机模式）

在某些特殊的网络调试环境中，要求将真实环境和虚拟环境隔离开，这时就可以采用 Host-only 模式。在 Host-only 模式中，所有的虚拟系统是可以相互通信的，但虚拟系统和真实的网络是被隔离开的。

提示：在 Host-only 模式下，虚拟系统和宿主机器系统是可以相互通信的，相当于这两台机器通过双绞线互连。

在 Host-only 模式下，虚拟系统的 TCP/IP 配置信息（如 IP 地址、网关地址、DNS 服务器等），都是由 VMnet1（Host-only）虚拟网络的 DHCP 服务器来动态分配的。

如果想利用 VMware 创建一个与网内其他机器相隔离的虚拟系统，进行某些特殊的网络调试工作，可以选择 Host-only 模式，如图 1-38 所示。

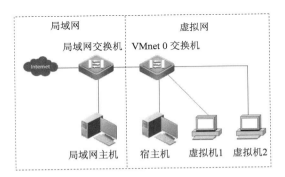

图 1-37　Bridged（桥接模式）网络关系模型　　图 1-38　Host-only（主机模式）模式网络关系模型

（3）NAT 模式（网络地址转换模式）

使用 NAT 模式，就是让虚拟系统借助 NAT（网络地址转换）功能，通过宿主机器所在的网络来访问公网。也就是说，使用 NAT 模式可以实现在虚拟系统里访问互联网。NAT 模式下的虚拟系统的 TCP/IP 配置信息是由 VMnet8（NAT）虚拟网络的 DHCP 服务器提供的，无法进行手工修改，因此虚拟系统也就无法和本局域网中的其他真实主机进行通信。采用 NAT 模式最大的优势是虚拟系统接入互联网非常简单，你不需要进行任何其他的配置，只需要宿主机器能访问互联网即可。

如果想利用 VMware 安装一个新的虚拟系统，在虚拟系统中不用进行任何手工配置就能直接访问互联网，则建议采用 NAT 模式，如图 1-39 所示。

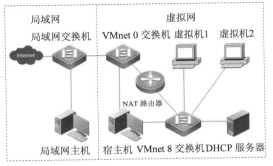

图 1-39　NAT（网络地址转换）模式网络关系模型

设备环境

1）一台满足 VMware Workstation 7.1.2 安装要求的主机，操作系统为 Windows XP，IP 地址为 192.168.2.10，子网掩码为 255.255.255.0。

2）Windows XP Professional 系统安装光盘映像文件。

任务描述

1）在任务所建的虚拟机中安装 Windows XP Professional 系统，要求在虚拟机硬盘上建立两个分区，C 盘容量为 6GB，分区格式为 FAT32；D 盘容量为 4GB，分区格式为 NTFS。

2）设置网络 IP 地址为物理主机地址最后一组数加 100，使主机与虚拟机能相互通信，共享文件。

任务实施

1）在任务所建的虚拟机中安装 Windows XP Professional 系统，要求在虚拟机硬盘上建立两个分区，C 盘容量为 6GB，分区格式为 FAT32；D 盘容量为 4GB，分区格式为 NTFS。

① 启动 VMware Workstation，找到任务 2 中建立的 Windows XP Professional 虚拟机，在"Devices"列表中找到 CD/DVD（IDE）设备，双击打开设置窗口。在"Connection"选项中选择"Use ISO image file"单选按钮，再单击后面的"Browse…"按钮加载 Windows XP Professional 光盘镜像文件，如图 1-40 所示。

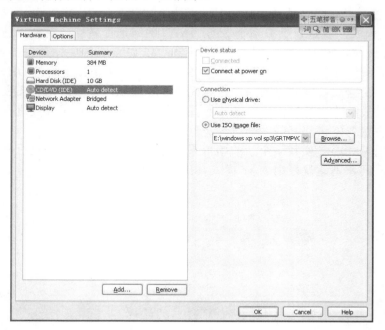

图 1-40　设置光盘镜像窗口

② 在虚拟机"Windows XP Professional"选项卡标签上单击鼠标右键，在弹出的快捷菜

单中选择"Powered On"选项启动虚拟机，此时将从光盘镜像加载 Windows XP Professional 系统盘进行系统安装，按<Enter>键继续，如图 1-41 所示。

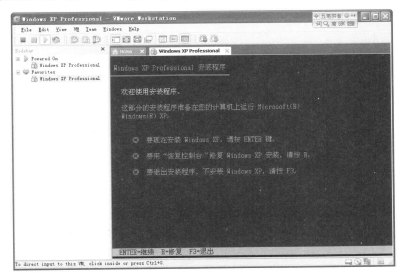

图 1-41　虚拟机安装 Windows XP 设置窗口

③　安装过程进行到分区选择时，我们选择在尚未划分的空间中创建磁盘区分，将虚拟硬盘划分为两个分区，第 1 个分区为 6GB，分区格式为 FAT32；第 2 个分区为 4GB，分区格式为 NTFS，如图 1-42 所示。

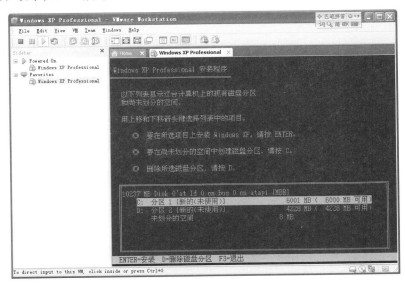

图 1-42　虚拟机安装 Windows XP 分区选择窗口

④　选择分区 1 并按<Enter>键继续，当出现"将选择的磁盘分区没有经过格式化，安装程序将立即格式化这个磁盘分区"的提示时，选择"使用 FAT 文件系统格式化磁盘分区"选项，对虚拟 C 盘进行格式化，因为 C 盘大于 2G 所以安装程序自动按 FAT32 格式化分区，

如图 1-43 所示。

⑤ 接下来安装程序开始进行信息收集和系统程序复制，中间完成"区域和语言选项"、"姓名和单位"、"产品密钥"、"计算机名和管理员密码"、"时间和日期"、"网络设置"等提示的输入，大约经过 20min 完成安装，如图 1-44 所示。

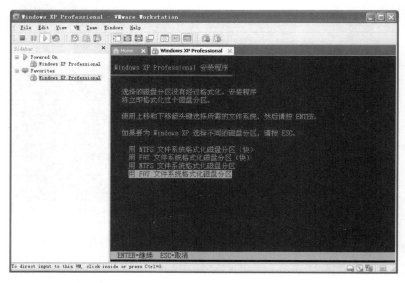

图 1-43　虚拟机安装 Windows XP 设置分区格式窗口

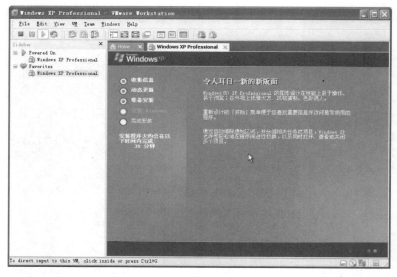

图 1-44　虚拟机安装 Windows XP 提示窗口

⑥ 打开虚拟机的"我的电脑"在"本地磁盘（D）"上单击鼠标右键，在弹出的菜单中选择"格式化（A）…"选项对"本地磁盘（D）"进行格式化操作，将其文件系统按 NTFS 格式进行分区，如图 1-45 所示。

2）设置网络 IP 地址为物理主机地址最后一组数加 100，使主机与虚拟机能够相互通信，共享文件。

① Windows XP Professional 虚拟系统安装完成后，选择虚拟机桌面上的网上邻居图标并单击鼠标右键，在弹出在快捷菜单中选择"属性"选项，会出现"网络连接"对话框，如图 1-46 所示。

图 1-45　　"格式化本地磁盘"对话框

图 1-46　　"网络连接"对话框

② 接下来在本地连接图标上单击鼠标右键，在弹出在快捷菜单中选择"属性"选项，会弹出"本地连接属性"对话框，如图 1-47 所示。

③ 选中"本地连接属性"的"高级"选项卡，单击"设置"按钮，打开"Windows防火墙"对话框，选择"常规"选项卡，并选中"关闭（不推荐）"单选按钮，单击"确定"按钮，关闭 Windows 防火墙，如图 1-48 所示。

④ 接下来选中"本地连接属性"常规选项卡中的"Internet 协议（TCP/IP）"选项，单

击"属性"按钮，弹出"Internet 协议（TCP/IP）属性"对话框，如图 1-49 所示。在常规选项中为虚拟机设置 IP 地址为 192.168.2.110，子网掩码为 255.255.255.0。单击"确定"按钮完成设置。

图 1-47　"本地连接属性"对话框

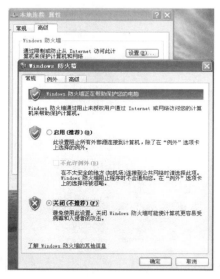

图 1-48　"Windows 防火墙"对话框

图 1-49　"Internet 协议（TCP/IP）属性"对话框

⑤ 按<Ctrl+Alt>键将控制权切换到宿主机，单击宿主机的"开始"菜单，启动"运行"窗口，在"打开"输入框里输入 cmd.exe，单击"确定"按钮，打开"命令提示符"窗口。在 DOS ">"提示符后输入 ping 192.168.2.110，测试宿主机与虚拟机的连通性，如图 1-50 所示。表示宿主机与虚拟机通信正常。

⑥ 在虚拟机的窗口上单击，将系统控制权切换到虚拟机，在 C：\盘建立一个文件名

为"新建文件夹"的文件夹，设为共享文件夹，并允许网络上共享用户更改我的文件，如图 1-51 所示。

⑦ 按<Ctrl+Alt>键将控制权切换到宿主机，打开我的电脑，在地址栏中输入\\192.168.2.110，如果可以查看虚拟机共享的"新建文件夹"，我们就可以向其中复制文件了，如图 1-52 所示。

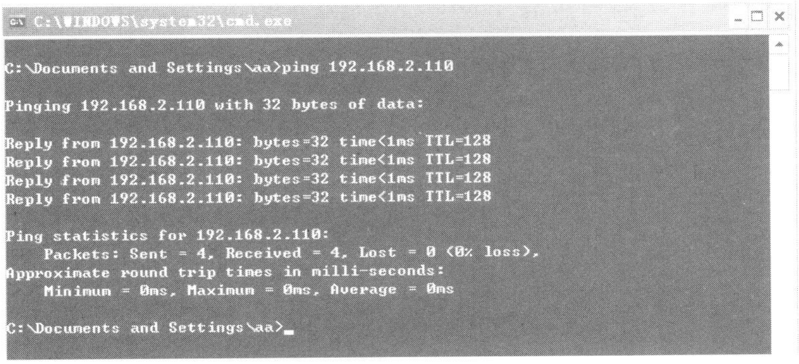

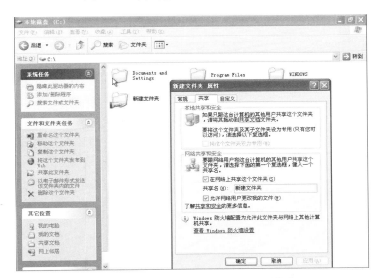

图 1-50 测试宿主机与虚拟机的连通性

图 1-51 虚拟机 Windows XP 设置共享

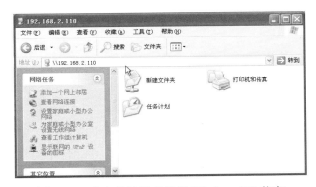

图 1-52 宿主机访问虚拟机 Windows XP 共享

结果验证

1）打开虚拟机的资源管理器，分别查看 C 盘和 D 盘的磁盘容量大小及磁盘分区格式，如果符合任务要求，则实训完成预期效果。

2）在虚拟机及宿主机通信息的任务中，分别在虚拟机和宿主机中使用 ping 命令进行测试，如果信息正常，则说明可以进行文件共享。

注意事项

1）使用 ping 命令测试通信时，如果不通可能是所测试的虚拟机或宿主机安装了 Windows 系统防火墙或其他防火墙软件，请检查确定原因。

2）在进行文件共享时，可以使用简单共享来完成任务，如果需要练习经典共享，在设置时注意本地安全策略管理器的使用。

实训报告

请参见本书配套的电子教学资源包，填写其中的实训报告。

项目 2　IP 地址规划与子网技术

互联网是全世界范围内的计算机联为一体而构成的通信网络的总称，而 IP 地址是用来标志网络中的一个通信实体，比如一台主机或者路由器的某个端口。某个网络上两台计算机之间在相互通信时，在它们所传送的数据包里都会含有一些附加信息，这些附加信息就是发送数据的计算机地址和接收数据的计算机地址。就像我们写一封信，要标明收信人的通信地址和发信人的地址，而邮递员通过该地址来决定邮件的去向。人们为了通信的方便给每一台计算机都事先分配一个标识地址，该标识地址就是我们今天所要介绍的 IP 地址。

根据 TCP/IP 规定，IPv4 地址由 32 位二进制数组成，而且在互联网范围内是唯一的。例如，某台连接在互联网上的计算机的 IP 地址为：11001010 01101100 00100001 01010110。但是，这样的二进制数字不太好记忆，为了方便记忆，将组成计算机的 32 位二进制数的 IP 地址分成 4 段，每段 8 位，中间用小数点隔开，然后将每 8 位二进制数转换成十进制数，每段数字范围为 0~255，这样上述计算机的 IP 地址就变成了：202.108.33.86，称为点分十进制 IP 地址。

学习目标

- IP 分类与编址
- 规划 IP 与划分子网

任务 1　IP 分类与编址

一个 IP 地址主要由两部分组成：一部分是用于标识该地址所从属的网络号；另一部分用于指明该网络上某个特定主机的主机号。为了给不同规模的网络提供必要的灵活性，IP 地址的设计者将 IP 地址空间划分为 A、B、C、D、E 5 个不同的地址类别，其中 A、B、C 3 类最为常用。

任务需求

信息学校综合楼有两个机房（机房 1 和机房 2），机房 1 有计算机 41 台（1 台教师机），机房 2 有计算机 49 台，分别组成局域网。网线已经布置好，但未设置 IP 地址和子网掩码，现在需要为这两个机房分配 IP 地址，要求两个机房分属不同的网段，并且机房 2 的计算机能共享机房 1 中教师机的资源。

任务分析

因为要求两个机房分属不同网段，所以规划机房 1 为 B 类 IP 地址，机房 2 为 C 类 IP 地址，子网掩码都为默认。另外，机房 2 的计算机要求能访问机房 1 的教师机，为了隔离通信同时节省资金，只准备为教师机再安装一块网卡，设置网卡 IP 地址和机房 2 的计算机的网段相同，并连接机房 2 的交换机，实现资源共享。

知识准备

1．IP 地址的组成

我们知道，Internet 是由许许多多网络组成的，而每一个网络又包括几十或上百台主机，不论是从网络通信的角度还是从物理结构的角度，Internet 都具有一种层次结构，如图 2-1 所示。

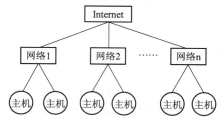

图 2-1　网络的层次结构

每个网络中的计算机都通过其自身的 IP 地址而被唯一标识。在 Internet 这个庞大的网络中，每个网络也有自己的标识符。类似于我们日常生活中的电话号码，如一个电话号码为 043288888888，这个号码中的前 4 位表示该电话所属地区，后面的数字表示该地区的某个电话号码。

与上面的例子类似，我们把计算机的 IP 地址也分成两部分，分别为网络标识和主机标识。同一个物理网络上的所有主机都用同一个网络标识，网络上的一个主机（包括网络上工作站、服务器和路由器等）都有一个主机标识与其对应。IP 地址的 4 字节划分为 2 部分，一部分用来标明具体的网络段，即网络标识；另一部分用来标明具体的节点，即主机标识，也就是某个网络中特定的计算机号码，如图 2-2 所示。

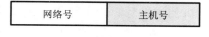

图 2-2　IP 地址结构

例如，某个网站 IP 地址为 218.62.79.18，就可以写成
网络标识：218.62.79.0
主机标识：18
合起来写：218.62.79.18

2．IP 地址的分类

网络号用于标识 Internet 中一个特定的网络，比如图 2-1 中的网络 1、网络 2 等。主机

用来表示网络中主机的一个特定的连接，如果给出了一个 IP 地址，就能知道它位于哪个网络，这就是 IP 地址具有寻址的功能，也是 IP 路由选择的核心。那么到底哪些高位用于标识网络号，哪些低位表示主机号呢？在 IP 中，对 IP 地址的分类进行了详细的规定，Internet 的 IP 地址分为 5 类：A 类、B 类、C 类、D 类和 E 类，如图 2-3 所示。

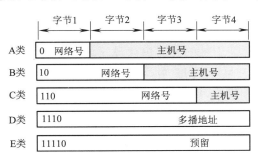

图 2-3 IP 地址的分类

（1）A 类 IP 地址

A 类地址用前一字节共 8 位表示网络号，其中规定这个 8 位中的最高位必须为 0，因而真正表示网络号的只有 7 位，用后面剩余的 3 字节共 24 位表示主机号，这样 A 类地址的网络数就为 128 个，每个网络所包含的主机数为 11 777 211 个，A 类地址的范围是 0.0.0.0～127.255.255.255。

由于网络号全为 0 和全为 1 保留用于特殊目的，所以 A 类地址有效的网络数为 126 个，其范围是 1～126。另外，主机号全为 0 和全为 1 也有特殊作用，所以每个网络号包含的主机数应该是 2^{24}-2（16 777 214）个。因此，一台主机能使用的 A 类地址的有效范围是：1.0.0.1～126.255.255.254。

A 类地址一般用于大型网络，可以拥有很大数量的主机。

（2）B 类 IP 地址

B 类地址用前 2 字节共 16 位表示网络号，其中 16 位中的最高两位总被置于二进制的 10，因而真正表示网络号的只有 14 位，还有后面剩余的 2 字节共 11 位用于表示主机号，这样 B 类地址网络数就为 2^{14} 个（实际有效的网络数是 2^{14}-2），每个网络号所包含的主机数为 2^{11} 个（实际有效的主机数是 2^{11}-2）。

B 类地址的范围为 128.0.0.0～191.255.255.255，与 A 类地址类似（网络号和主机号全 0 和全 1 有特殊作用），一台主机能使用的 B 类地址的有效范围是：128.1.0.1～191.255.255.254。

（3）C 类 IP 地址

C 类地址前 3 字节共 24 位表示网络号，其中高三位被置为二进制的 110，C 类地址网络数为 2^{21} 个（实际有效的为 2^{21}-2），允许大约 200 万个网络，每个网络号所包含的主机数为 256 个（实际有效的为 254）。

C 类地址的范围为 192.0.0.0～223.255.255.255，同样，一台主机能使用的 C 类地址的有效范围是：192.0.0.1～223.255.254.254。

（4）D 类地址

D 类地址用来支持组播。组播地址是唯一的网络地址，用来转发目的地址为预先定义的一组 IP 地址的分组。因此，一台工作站可以将单一的数据流传输给多个接收者。用二进制数表示时，D 类地址的前 4 位（最左边）总是 1110。D 类 IP 地址的第 1 个 8 位组的范围是从 11100000~11101111，即从 224~239。任何 IP 地址第 1 个 8 位组的取值范围在 224~239 都是 D 类地址。D 类地址的范围是 224.0.0.0~239.255.255.255。

（5）E 类地址

Internet 工程任务组保留 E 类地址作为研究使用，因此 Internet 上没有发布 E 类地址使用。用二进制数表示时，E 类地址的前 4 位（最左边）总是 1111。E 类 IP 地址的第 1 个 8 位组的范围是从 11110000~11111111，即 240~255。任何 IP 地址第 1 个 8 位组的取值范围在 240~255 时都是 E 类地址。E 类地址网络标志部分的最高 5 位固定为"11110"，第一个八段是 240~247，248~254 暂无规定。

3. 几种特殊的 IP 地址

除了上面所讲的标志一台主机的地址之外，还有几种具有特殊意义的 IP 地址。

（1）网络地址

一个 IP 地址的主机号的所有位都为"0"的地址均保留给该网络本身使用，这类 IP 地址称为网络地址。例如，在 A 类地址中，地址 113.0.0.0 就表示该网络的网络地址，而 IP 地址为 202.93.120.44 的主机所在的网络为 202.93.120.0，则网络地址就是 202.93.120.0。

网络地址的作用是：在网络相互通信时，数据报由源主机发送后，经若干个网络到达目的主机。在数据传送的过程中，需要知道所经历的下一个网络的网络地址，并且在同一个网络中传输数据时，也需要知道此数据报的目的主机是本网络中的主机，因此，需要以某种形式指明一个网络的网络地址。

（2）广播地址

当一个数据报需要发送到本网络中的所有主机时，需要一个特殊的地址，这就是广播地址。当数据报头中目的地址字段的内容为广播地址时，该数据报被网上所有主机接收。在发送信息前，如果不知道目的地址，则可以通过广播的方式寻址。互联网上的地址解析协议采用的就是广播的方法。

广播地址的主机号全为 1。例如，131.78.255.255 就是 B 类地址中的一个广播地址，若将信息送到此地点，就是将信息送给网络号为 131.78 的所有主机。

（3）回送地址

A 类网络地址 127 是一个保留地址，用于网络软件测试以及本地机进程间通信，叫做回送地址（Loopback Address），如 127.0.0.1。无论什么程序，一旦使用回送地址发送数据，协议软件就立即将数据返回，不进行任何网络传输。

（4）内部网可选的地址

内部网可选的地址又称为私有地址。为了避免某个单位选择任意网络地址，造成与合法的 Internet 地址发生冲突，所以分配了具体的 A 类、B 类和 C 类地址供单位内部网使用，这些地址为

A 类：10.0.0.0~10.255.255.255

B 类：172.16.0.0~172.31.255.255

C 类：192.168.0.0~192.168.255.255

设备环境

1. 实验设备

1）网线若干。

2）交换机 2 台。

3）5 台配有以太网卡的计算机，机房的教师机配置双网卡。

2. 实验拓扑（见图 2-4）

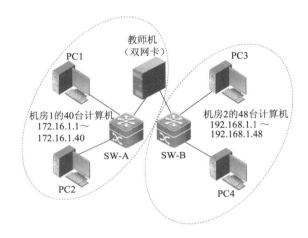

图 2-4　IP 规划实验

任务描述

1）设置机房 1 的学生计算机的 IP 地址为 B 类：按机器号设置 IP 地址为 172.16.1.1～172.16.1.40。

2）设置机房 1 的教师机的一块网卡 IP 地址为 172.16.1.41，另一块网卡 IP 地址为192.168.1.49。

3）修改机房 1 的计算机名称为 A01～A41。

4）设置机房 2 的计算机的 IP 地址为 C 类：按机器号设置 IP 地址为 192.168.1.1～192.168.1.48。

5）使用 ping 命令验证网络连通性。

6）共享机房 1 的教师机资源，使机房 1 和机房 2 中的计算机都能互访。

任务实施

1. 按机器号设置机房 1 和机房 2 中的计算机 IP 地址

1）以 Windows XP 操作系统为例。选择"网上邻居"图标并单击鼠标右键，在弹出的快捷菜单中选择"属性"选项，如图 2-5 所示。

2）在打开的"网络连接"窗口里选择"本地连接"图标并单击鼠标右键，在弹出的快捷菜单中选择"属性"选项，如图 2-6 所示。

图 2-5　设置网络属性

图 2-6　查看本地连接属性

3）在打开的"本地连接属性"对话框中双击"Internet 协议（TCP/IP）"，如图 2-7 所示。

4）在打开的"Internet 协议（TCP/IP）属性"对话框中选择"使用下面的 IP 地址（S）"单选按钮，在文本框中填入 IP 地址为：192.168.1.1，子网掩码为：255.255.255.0，完成后单击"确定"按钮，如图 2-8 所示。

图 2-7　设置 Internet 协议（TCP/IP）

图 2-8　设置 IP 地址

2. 修改计算机名称

局域网中的计算机如果有重名情况存在，会影响网络连通和资源共享，也影响网络管理维护。修改计算机名称的步骤如下：

1）选择"我的电脑"并单击鼠标右键，在弹出的快捷菜单中选择"属性"选项，如图 2-9 所示。

2）在弹出的"系统属性"对话框中，选择"计算机名"选项卡，再单击"更改"按钮，如图 2-10 所示。

3）在弹出的"计算机名称更改"对话框中输入新的名称，如"A01"，然后单击"确定"按钮，如图 2-11 所示。其他机器依此类推。

图 2-9　显示"我的电脑"属性　　图 2-10　修改计算机名称　　图 2-11　确认计算机名

4）计算机名称修改完成后需要重新启动计算机进行确认。

结果验证

1）使用 ping 命令验证网络连通性。
2）机房 1 和机房 2 里的计算机都能够访问机房 1 里的教师机共享资源。

注意事项

1）IP 地址要按照机器号严格设置，切忌不能出现重复地址。
2）确保设置的 IP 地址在同一网段内，否则在本实验中不能连通。

实训报告

请参见本书配套的电子教学资源包，填写其中的实训报告。

任务 2　规划 IP 与划分子网

作为网络管理员一定要对 IP 地址非常了解，在互联网中广泛使用的 TCP/IP 是利用 IP 地址来区别不同的主机。我们曾经进行过 TCP/IP 设置，那么在设置中一定会遇到子网掩码（Subnet Mask），什么是子网掩码呢？它有什么作用呢？本任务就来深入学习它。

任务需求

信息学校图书馆有 4 个电子阅览室机房，每个机房有 50 台计算机。接入互联网使用的是教育网的公网 IP，由网通公司分配了一个 C 类地址段，为了避免机房之间的广播和 IP 地址的浪费，我们将 IP 地址划分为 4 个子网，每个机房分配一个子网。如何将此 C 类的地址进行分配和子网的划分？

为了克服 IP 地址不足和避免地址浪费，一般单位申请到 IP 地址后，根据具体的使用情况都需要进行子网的划分和再分配，本任务所涉及的知识就是子网划分的内容，因为只有一个 C 类地址段，一共有 254 个地址可供分配，为了使 4 个机房分别在不同子网中，可以将此 C 类地址划分为 4 个子网，每个子网中 62 个地址，满足任务要求。

1. 划分子网的原因

随着 Internet 迅猛发展，网络规模也越来越大，带来的问题是：IP 地址资源的严重匮乏和路由表规模的急速增长。另外，由于 IP 地址采用了一种分类的分配方案，使得在实际的组网过程中，由于每个网络中所含的主机数量不同，在分配 IP 地址的时候很容易造成 IP 地址的浪费。比如，在图 2-12 中，有 3 个不同的网络，每个网络的主机数分别为 30（A1～A30）、100（B1～B100）和 148（C1～C148），其网络地址分别为 218.199.50.0、218.199.51.0、218.199.52.0，从图中可以看出，即使对于一个只有 30 台主机的网络，也要分配一个 C 类地址。一个 C 类地址可容纳 254 台主机，这样会造成大量的 IP 地址浪费。为了解决这种状况，可以将一个网络划分为更小的网络，这个更小的网络就称为"子网"。

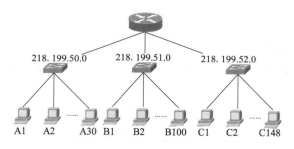

图 2-12   子网划分的原因

2. 子网划分的方法

从前面的知识已经知道 IP 地址是由网络号和主机号组成的两层的层次结构，而通过划分子网，可形成一个三层的结构，即网络号、子网号和主机号。通过网络号确定了一个站点，通过子网号确定一个物理子网，而通过主机号则确定与子网相连的主机地址。

对子网的划分，是这样规定的：将一个网络的主机号分为两个部分，其中一部分用于子网号编址，另一部分用于主机号编址，也就是从原来的主机号进行"借位"，所借的位用于子网号。如图 2-13 所示为子网划分的示意图。

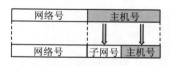

图 2-13   子网划分的方法

例如，C 类网络 192.10.1.0，从主机号中借前三位用于标识子网号，用 xxx 表示，即 11000000 00001010 00000001 xxxyyyyy。子网号为全"0"或全"1"的不能使用，于是划分出 $2^3-2=6$ 个子网，子网地

址分别为

11000000	00001010	00000001	00100000	——	192.10.1.32
11000000	00001010	00000001	01000000	——	192.10.1.64
11000000	00001010	00000001	01100000	——	192.10.1.96
11000000	00001010	00000001	10000000	——	192.10.1.128
11000000	00001010	00000001	10100000	——	192.10.1.160
11000000	00001010	00000001	11000000	——	192.10.1.192

在上面我们使用了 $2^3-2=6$ 这样一个等式来计算子网数,实际上在分配 IP 地址或划分子网的时候,经常会使用一个公式来计算可用的子网数以及每个子网内可用的主机数,公式为: 2^n-2,n 表示子网位数或主机空间,2 表示减去全 0 和全 1 两个不可用的地址。

根据上面的分析以及组网过程中的经验,可以总结子网划分的步骤如下:

1)确定需要多少个子网,每个子网需要多少个主机。在划分子网之前,先确定所需要的子网数和每个子网的最大主机数,再定义每个子网的子网掩码、网络地址(网络号 +子网号)的范围和主机号的范围。

2)根据公式 2^n-2 确定子网位数和主机位数。

3)使用二进制进行计算,在子网空间中确定所有的位组合方式,在每种组合方式中,将所有主机位都设置为 0,将得到的子网地址转换为点分十进制格式,最终结果就是子网地址。

4)对于每一个子网地址,再次使用二进制,在保持子网位不变的情况下写出所有主机位组合,并将结果转换成点分十进制格式,最终结果就是每个子网的可用主机地址。

3. 通过子网掩码识别网络地址

划分子网后,网络地址是如何确定的?另外,在划分子网后,对于两个完全相同的地址又是如何区别的?在图 2-14 中,IP 地址均为 172.25.16.51,哪一个是它们的网络地址,如何进行区别?

图 2-14　两个相同的 IP 地址

识别网络地址的方法就是子网掩码,通过子网掩码可以判断一个 IP 地址中的哪些位对应于网络地址(包括子网地址)、哪些位对应于主机地址。

TCP/IP 对子网掩码和 IP 地址进行“按位与”的操作,经过按位与运算,可以将每个 IP 地址的网络地址取出,从而知道两个 IP 地址所对应的网络。

IP 规定:对于子网掩码的取值,通常是将对应于 IP 地址中网络地址(网络号和子网号)的所有位都设置为“1”,对应于主机地址(主机号)的所有位都设置为“0”。对于 172.25.16.51,借其第三个 8 位作为其子网号,则其子网掩码为 255.255.255.0。如图 2-15 所示为 IP 地址为 172.25.16.51 的未划分子网和划分了子网的网络地址的计算过程。

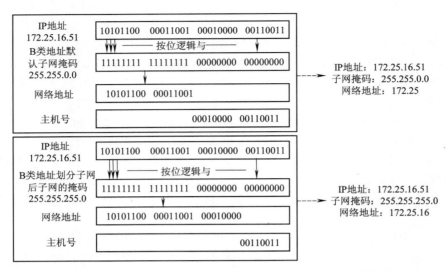

图 2-15　172.25.16.51 未划分子网和划分了子网的网络地址的计算过程

注意：

由于网络号全为"0"代表的是本网络，所以网络地址中的子网号也不能全为"0"，子网号全为"0"时，表示本子网网络。

由于网络号全为"1"表示的是广播地址，所以网络地址中的子网号也不能全为"1"，全为"1"的地址用于向子网广播。

4．子网划分实例（见图 2-16）

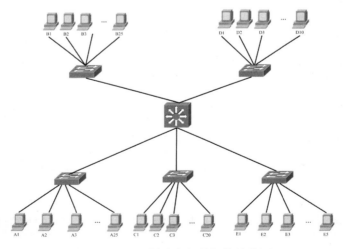

图 2-16　子网划分实例的拓扑结构图

在图 2-16 中，给定一个 C 类 IP 地址：192.118.100.0，网络中有 5 个不同的网络，要根据这样的需求划分子网。A 网络 25 台，B 网络 25 台，C 网络 20 台，D 网络 10 台，E 网络 5 台。如何通过划分子网来形成 5 个子网，并满足主机数的要求呢？下面是划分子网的过程：

1）确定需要多少个子网和主机。从图 2-16 中可以看出子网至少需要 5 个，主机最多的一个子网是 25 台。

2）使用公式 2^n-2 可以计算出，$2^3-2=6$，即需要从主机位上借 3 位，能形成 6 个子网，可以满足 5 个子网的要求，主机位借了 3 位，还有 5 位作为主机位，用公式 $2^5-2=30$，也能满足主机最大 25 台的要求。划分子网后该 C 类地址的子网掩码为：192.118.255.224。

3）确定标识每一个子网的网络地址。如图 2-17 所示计算出了可能的子网网络地址。

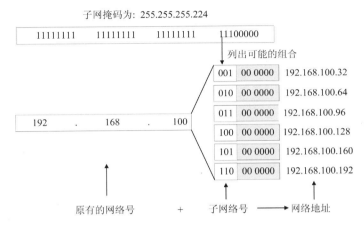

图 2-17　子网的网络地址

4）确定每个子网的主机地址范围。如图 2-18 所示给出了针对子网 192.118.100.32 的计算过程。注意结果的模式：第一个地址所有主机位全部为 0，这是子网地址。最后一个主机位全部为 1，这是子网 192.118.100.32 的广播地址。主机地址从子网地址起到广播地址为止。按照顺序，下一个子网地址是 192.118.100.64。

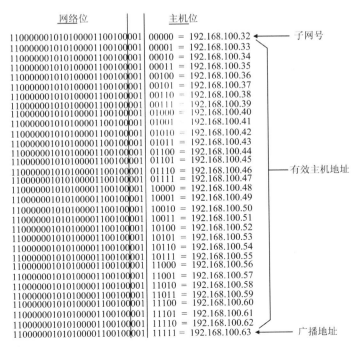

图 2-18　子网中主机地址的计算过程

其他各个子网的主机地址计算过程与上面类似。子网的主机地址范围见表2-1。

表 2-1　子网的主机地址范围

序　　号	子网号	主机地址范围	广播地址
1	192.168.100.32	192.168.100.33～192.168.100.62	192.168.100.63
2	192.168.100.64	192.168.100.65～192.168.100.94	192.168.100.95
3	192.168.100.96	192.168.100.97～192.168.100.126	192.168.100.127
4	192.168.100.128	192.168.100.129～192.168.100.158	192.168.100.159
5	192.168.100.160	192.168.100.161～192.168.100.190	192.168.100.191
6	192.168.100.192	192.168.100.193～192.168.100.223	192.168.100.224

设备环境

1．实验设备

1）计算机 4 台。

2）CISCO6509 三层交换机 1 台。

3）网线若干。

2．实验拓扑（见图 2-19）

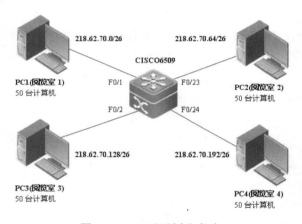

图 2-19　IP 子网划分实验

任务描述

　　PC1～PC4 模拟图书馆电子阅览室 4 个机房，将教育网的公网 IP 地址 218.62.70.0/24 划分为 4 个子网，计算每个子网的地址范围、主机数量、子网掩码、网络地址、广播地址。

任务实施

　　1）按照拓扑图的连接，总共 4 个阅览室机房，每个机房有 50 台计算机，要隔离机房间的广播，必须让这 4 个机房处于不同的网段，如果不划分子网，那么就要使用 4 个 C 类的 IP 地址，这样就浪费了大量的 IP 地址，实际上，我们只使用了一个 218.62.70.0/24 的 C 类地址划分子网，就将 4 个机房隔离成了不同的 VLAN。VLAN 间的通信靠 CISCO6509 三层交换机来完成。

2）通过知识准备的学习，我们已经知道子网的划分是靠借位来完成的，$2^5<50<2^6$，可以计算出至少需要 6 位主机位，那么只能借 2 位来创建 4 个子网，但是 4 个子网中有 2 个保留子网是不能使用的，但是由于我们使用的是 CISCO6 509 的三层交换机，是支持全"0"和全"1"这两个子网通信的。所以，我们借 2 位就能够划分 4 个可用的子网，每个子网有 $2^6-2=62$ 个主机地址。

3）到这里我们的子网就可以做以下划分。

阅览室 1 的地址段为：218.62.70.0/26，可以使用的地址为：218.62.70.1～218.62.70.63，网络地址为 218.62.70.0，广播地址为 218.62.70.63。

阅览室 2 的地址段为：218.62.70.64/26，可以使用的地址为：218.62.70.65～218.62.70.126，网络地址为 218.62.70.64，广播地址为 218.62.70.127。

阅览室 3 的地址段为：218.62.70.128/26，可以使用的地址为：218.62.70.129～218.62.70.190，网络地址为 218.62.70.128，广播地址为 218.62.70.191。

阅览室 4 的地址段为：218.62.70.192/26，可以使用的地址为：218.62.70.193～218.62.70.254，网络地址为 218.62.70.192，广播地址为 218.62.70.255。

现在我们就已经将一个 C 类的地址划分为了 4 个子网，子网掩码为 255.255.255.192。每个子网内可容纳主机 62 台，这样就避免了大量地址的浪费和机房间的广播。

4）按照上面的计算结果将每个计算机设置一个子网地址，分别进行测试。

结果验证

1）按照实验的拓扑结构连接计算机与交换机，按照各个子网地址范围设置 IP 地址，进行通信测试，如果计算机不设网关时不能通信，则说明各子网分配正常。

2）4 台计算机任取 IP 地址为一个子网范围，进行通信测试。如果计算机不设网关时能通信，则说明各子网分配正常。

注意事项

由于网络号全为"0"代表的是本网络，全为"1"表示的是广播地址，所以网络地址中的子网号一般情况下不能全为"0"或全为"1"，如果确认交换机支持时才可以将其划分。

实训报告

请参见本书配套的电子教学资源包，填写其中的实训报告。

项目3 制作非屏蔽双绞线与设备之间连接

目前局域网构建已经十分普遍，计算机上集成以太网卡已经是标准配置，局域网在我们周围也很常见，比如简单的有家庭内几台计算机所组成的小型局域网，大型的则有学校机房、网吧、校园网、公司里面的办公网络等，都是一些局域网的实例。目前的局域网组网方式仍然以网线连接为主。在组网之前，我们必须先制定规划，普通的家庭联网只要考虑需要的有效距离，而大型的局域网则要在购买设备之前作出详细且周全的规划布线，需要考虑成本以及使用效率。网络产品的选购也是一个重要环节，使用寿命和稳定性是两个重要指标，因此应该选择质量较好的产品。选购好了产品之后就可以动手搭建网络了。

学习目标

- T568A 与 T568B 线缆制作
- 常见网络设备互联
- 双机互联网络实验

任务1 制作 T568A 与 T568B 线缆

在组建网络的时候，网线的制作是一大重点，整个过程都要准确到位，制作不规范、线序排列错误和双绞线压制不到位等都将直接影响网线的使用和维护，出现网络不通或者网速变慢。因此，制作双绞线一定要做到规范、准确、美观。事实上很多事情看似复杂但实际却很简单，现在我们就采用目前最常用的超五类非屏蔽双绞线，来动手制作网线。

任务需求

信息学校动漫机房有 40 台计算机和两台 24 口交换机，要求学生利用掌握的网线制作知识将这些计算机通过交换机连接成一个局域网，网线采用超五类非屏蔽双绞线，计算机和交换机之间连接网线按 T568B 标准制作直通线，两台交换机级联线两端分别按 T568A 和 T568B 标准制作交叉线，并利用简易测线仪测试连通性。

任务分析

　　想要完成此次实训任务，需要掌握超五类非屏蔽双绞线的制作知识。因此，教师需要先向学生讲授双绞线制作线序、制作工具以及演示制作过程。

知识准备

1．制作双绞线的器材

（1）非屏蔽双绞线

　　非屏蔽双绞线被广泛应用于以太网的连接。双绞线的级别通常分为 5 类。1 类双绞线主要用于语音和低速率的数据传输。2 类支持 IDSL 和 T1。一个标准的 10M 速率的以太网要使用 3 类以上的双绞线。而更快的 100M 以太网则必须用 5 类以上的双绞线作为支持。在线缆的外皮上，我们可以看到相应的级别标识。超 5 类非屏蔽双绞线如图 3-1 所示。

图 3-1　超 5 类非屏蔽双绞线

（2）压线钳

　　压线钳的主要功能是将 RJ45 接头和双绞线咬合夹紧。有些功能较完整的，除可以压制 RJ45 接头外，还可以压制 RJ11（用于普通电话线）接头。如图 3-2 所示的是一把普通的压线钳，其主要的部分包括剥线口、切线口和压线模块。可以完成剥线、切线和压线 RJ45接头的功能。

图 3-2　压线钳

（3）RJ45 接头

　　RJ45 接头是被压接在双绞线线端的连接模块，用来将双绞线连接到网络设备的接口上（如网卡）。RJ45 接头的一面有 8 个金属插脚，分别对应双绞线中的 8 根线芯。另一面有一个卡榫，用来防止接头从接口中脱落。RJ45 接头如图 3-3 所示。

（4）护套

护套用来保护卡榫，防止线缆在拉扯时伤到卡榫，也可以用不同颜色的护套来区分线缆的类型，如黄色表示交叉缆、蓝色表示直通缆等。护套如图 3-4 所示。

图 3-3　RJ45 接头

图 3-4　护套

（5）简易测线仪

进行网络布线的过程中，我们最常使用的工具就是简易测线仪，借助该工具，可以对双绞线中的 8 根芯线的连通性进行依次测试检查，然后根据测试结果判断出网络布线是否存在问题，如图 3-5 所示。

2．双绞线的线序

EIA/TIA 的布线标准中规定了两种双绞线的线序 568A 与 568B。标准 568A：绿白 -1，绿 -2，橙白 -3，蓝 -4，蓝白 -5，橙 -6，棕白 -7，棕 -8；标准 568B：橙白 -1，橙 -2，绿白 -3，蓝 -4，蓝白 -5，绿 -6，棕白 -7，棕 -8，如图 3-6 所示。在整个网络布线中应用一种布线方式，但两端都有 RJ45 端头的网络连线无论是采用端接方式 A，还是端接方式 B，在网络中都是通用的。实际应用中，大多数都使用 T568B 的标准，通常认为该标准对电磁干扰的屏蔽更好。双绞线有直通线和交叉线之分。直通线是指：两端都是 568A 或都是 568B 标准的双绞线。交叉线是指：一端是 568A 标准，另一端是 568B 标准的双绞线。

接口标准　　　线号	1	2	3	4	5	6	7	8
568B	白橙	橙	白橙	蓝	白蓝	绿	白棕	棕
568A	白绿	绿	白橙	蓝	白蓝	橙	白棕	棕

图 3-5　简易测线仪

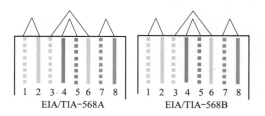

图 3-6　双绞线线序

设备环境

1）RJ45 接头。

2）压线钳。

3）简易测线仪。

4）非屏蔽双绞线（超5类）。

任务描述

制作非屏蔽双绞线的直通线缆并测试连通性。

任务实施

1）剥线。利用压线钳的剥线口或专用剥线钳，将双绞线的外皮剥去2~3cm，露出里面的4个线对，如图3-7所示。注意剥线时要控制力度，不能破坏里面的线对。其次不要将外皮剥去过多，满足要求即可。

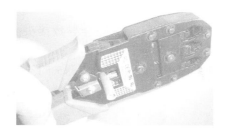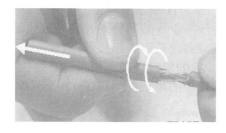

图3-7　剥线

实验提示：线缆的长度取决于连接点的实际距离，考虑到节点的位置可能变化或因某些原因需重做RJ45接头，通常在实际使用时要尽量留些余量，但不能超出线缆的最大传输距离。

实验提示：如果采用线缆护套的话，此时应先将双绞线穿过护套，以免将来被RJ45接头挡住。

2）按照标准排列线将4个线对分离，可以看到每个线对都由一根白线和一根彩线缠绕而成，彩线可分为橙、绿、蓝、棕4色，对应的白线分别为白橙、白绿、白蓝、白棕，如图3-8所示。依次解开缠绕的线对，并按照标准的线序排列。

3）按T568B标准排好线序。这里要注意白线的对应关系（在某些线缆中会在白线上掺杂彩色以示区分）。此外绿色线对应跨越蓝色线对，蓝色线对的顺序同其他线对相反，如图3-9所示。

4）整理线序并拢直双绞线，如图3-10所示。

图3-8　剥线后的双绞线

图 3-9 按 T568B 标准排好线序

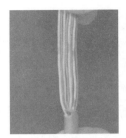

图 3-10 整理线序并拢直双绞线

实验提示：线序的排列目前通常遵从的是 T568A 或 T568B 标准，但这并不是唯一的标准。在某些时候采用自定义的线序（如简单地将所有线对依次排列）也是可以工作的，但这种非标准的线序在某些网络设备上会造成无法连通的故障。

5）压制 RJ45 接头。将 8 条线并成一排后，用压线钳的切线口剪齐，并留下约 14mm 的长度，如图 3-11 所示。

实验提示：平行的部分太长会导致线芯间的干扰增强，而太短会导致接头内的金属脚无法完全接触到线芯而引起接触不良。因此这两个方面都应该避免。

6）将并拢的双绞线插入 RJ45 接头中（注意"白橙"线要对着 RJ45 的第一只脚）并小心推送到接头的顶端，如图 3-12 所示。

图 3-11 剪齐线头

图 3-12 插入 RJ45 接头

7）将 RJ45 接头放入压线器的压接槽中，通过线缆将接头推到压接槽的顶端并顶住（这样可以保持线芯始终能顶到接头的顶部），如图 3-13 所示。

8）用力将压线钳夹紧，并保持约 3s 的时间。然后将压线钳松开并取出 RJ45 接头。此时可以看到 RJ45 接头的 8 只金属脚已全部插入到双绞线的 8 根线芯中，而接头的根部也有一个压快压住线缆的外皮。此时，双绞线一端的 RJ45 接头制作完毕。

实验提示：如果用护套的话，应将护套推住接头方向，套住接头。

9）测试网线是否导通。利用简易测线仪来测试线缆是否导通。简易测试仪通常都有两个 RJ45 的接口（有些测试仪上还包括 RJ11 接口）。其面板上有若干指示灯，对于 T568B 标准网线，指示灯依次闪亮，则表示网线导通，如图 3-14 所示。

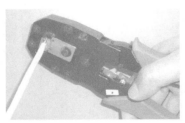

图 3-13 压线

图 3-14 测试网线是否导通

结果验证

通过简易测线仪测试制作好的 T568B 线缆。测试线缆时，如果绿灯顺序亮起，则表示该线缆制作成功；如果有某个或几个绿灯始终不亮，则表示有某一线对或几个线对没有导通，此时需要用压线钳重新用力压制一遍，如果还不能导通，则需要重做 RJ45 接头。

注意事项

1）剥线时，不可太深，太用力，否则容易把网线剪断。剥线皮时尽量在距网线头 1.5～2cm 处，距离过长会影响外观，而且容易造成与水晶头接触不良；如过短则由于线缆过粗不易完全插入水晶头，也容易引起与水晶头接触不良。

2）去外皮后露出的细线缆尽量在不相互缠绕的情况下拉直并紧凑码放平整，剪齐时线缆长度在 13～15mm 之间，以利于轻松地将各条导线插入各自的线槽，保证网线与水晶头金属片完美连接。

3）压线前需要确认所有导线都已到位，并再次检查水晶头线缆的排列线序是否符合标准和要求。

实训报告

请参见本书配套的电子教学资源包，填写其中的实训报告。

任务 2　互联网常见网络设备

计算机与计算机或工作站与服务器进行连接时，除了使用连接介质外，还需要一些中介设备。这些中介设备主要由路由器（Router）、中继器与集线器和交换机等组成。

任务需求

信息学校综合楼新建了一个学生机房，为了能让学生在课余时间上网，想把此机房的网络联接到实训楼网络实训机房，但是综合楼到实训楼的距离很远，不能使用双绞线连接。如何设计简便的连接方式，保证线路通信？

任务分析

网络之间的连接有很多方法，常见的有双绞线、光纤、无线通信等，此次任务因为通信距离超过了 100m，并且是在室外布线。考虑通信质量，如果使用无线通信，则带宽有一定的影响，所以在两个楼之间铺设光纤是最好的选择。

知识准备

1. 常见网络互联设备

常见的网络互联设备有网络适配器（网卡）、集线器（Hub）、网桥、交换机、路由器、网关、光纤收发器等，如图3-15所示。

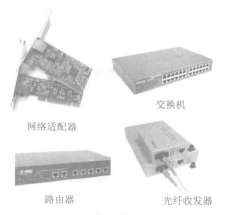

交换机

网络适配器

路由器

光纤收发器

图3-15　常见的网络互联设备

2．网络互联的类型

网络互联可分为LAN—LAN、LAN—WAN、LAN—WAN—LAN、WAN—WAN 4种类型。

（1）LAN—LAN

LAN互联又分为同种LAN互联和异种LAN互联。同构网络互联是指符合相同协议局域网的互联，主要采用的设备有中继器、集线器、网桥、交换机等。而异构网的互联是指两种不同协议局域网的互联，主要采用的设备为网桥、路由器等。LAN—LAN互联如图3-16所示。

（2）LAN—WAN

LAN—WAN互联是目前常见的方式之一，用来连接的设备是路由器或网关，具体如图3-17所示。

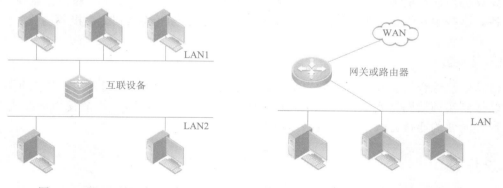

LAN1

互联设备

LAN2

图3-16　LAN—LAN互联

WAN

网关或路由器

LAN

图3-17　LAN—WAN互联

（3）LAN—WAN—LAN

LAN—WAN—LAN互联是将两个分布在不同地理位置的LAN通过WAN实现互联，连接设备主要有路由器和网关。

（4）WAN—WAN

WAN互联通过路由器和网关将两个或多个广域网互联起来，可以实现连入各个广域网的主机资源共享。

3．网络设备的互联方式

在前面的实验中，我们知道网线有两种类型，例如，用于连接计算机与集线器/交换机的网线和直接连接两台计算机的网线是不一样的。第一种网线称为直通线，第二种网线称为交叉线。

直通线的两端线序一样。而交叉线则一端为 T568B 线序，另一端为 T568A 标准。用于连接常见网络设备之间的网线类型见表 3-1。

表 3-1　用于连接常见网络设备之间的网线类型

连 接 类 型	网 线 类 型
计算机对计算机	交叉线
计算机对集线器	直通线
集线器普通口对集线器普通口	交叉线
集线器级联口对集线器级联口	交叉线
集线器普通口对集线器级联口	直通线
集线器对交换机	交叉线
集线器级联口对交换机	直通线
交换机对交换机	交叉线
交换机对路由器	直通线
路由器对路由器	交叉线

知道了需要连接的类型，就可以根据该连接类型制作对应的网线（直通线或交叉线）。例如，如果希望直接将两台计算机相连，就需要制作一根交叉线，依此类推。

按照需求制作好相应的网线后，即可连接网络。将网线一端插入计算机的网卡接口，另一段插入另一台计算机的网卡接口完成双机的直接互联。如果使用集线器或交换机相连，那么将网线的另一端插入集线器或交换机的接口中，开启集线器或交换机的电源，就完成了线路的连接。

4．无线局域网设备

组建无线局域网的设备主要包括：无线网卡、无线访问接入点、无线网桥和天线，几乎所有的无线网络产品中都自含无线发射/接收功能。

（1）无线网卡

无线网卡在无线局域网中的作用相当于有线网卡在有线局域网中的作用。按无线网卡的总线类型可分为适用于台式机的 PCI 接口的无线网卡。适用于笔记本的 PCMCIA 接口的无线网卡。笔记本和台式机均使用 USB 接口的无线网卡，如图 3-18 所示。

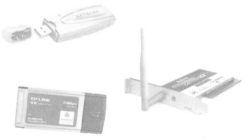

图 3-18　无线网卡

（2）无线访问接入点

无线访问接入点（AP）是在无线局域网环境中进行数据发送和接收的集中设备，相当于有线网络中的集线器。通常，一个 AP 能够在几十至上百米的范围内连接多个无线用户。AP 可以通过标准的 Ethernet 电缆与传统的有线网络相连，从而可作为无线网络和有线网络的连接点。由于无线电波在传播过程中会不断衰减，导致 AP 的通信被限定在一定的范围之内，这个范围被称为微单元。但若采用多个 AP，并使它们的微单元互相有一定范围的重合时，则用户可以在整个无线局域网覆盖区内移动，无线网卡能够自动发现附近信号强度最大的 AP，并通过这个 AP 收发数据，保持不间断的网络连接，这种方式称为无线漫游。

（3）无线网桥

无线网桥主要用于无线和有线局域网之间的互联。当两个局域网无法实现有线连接或使用有线连接存在困难时，就可使用无线网桥实现点对点的连接，在这里无线网桥起到了协议转换的作用，如图 3-19 所示。

图 3-19　无线网桥

（4）无线路由器

无线路由器集成了无线 AP 的接入功能和路由器的第三层路径选择功能。

（5）天线

天线（Antenna）的功能是将信号源发送的信号传送至远处。天线一般有定向性（Uni-directional）与全向性（Omni-directional）之分，前者适合于长距离使用，而后者适合于区域性应用。例如，若要将在第一栋楼内无线网络的范围扩展到一公里甚至数公里以外的第二栋楼，其中的一个方法是在每栋楼上安装一个定向天线，天线的方向互相对准，第一栋楼的天线经过网桥连到有线网络上，第二栋楼的天线是接在第二栋楼的网桥上，如此无线网络就可以接通相距较远的两个或多个建筑物。

设备环境

1．实验设备

1）交换机 2 台。

2）光纤收发器 2 台。

3）计算机 2 台。

4）光纤跳线两条。

5）双绞线若干。

2. 实验拓扑（见图 3-20）

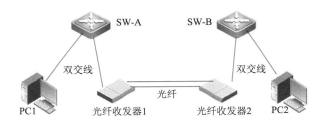

图 3-20 网络设备互联实验

任务描述

使用如图 3-20 所示的拓扑图模拟任务场景，将 PC1 和 PC2 分别连接到相应网络的交换机上，使用光纤跳线连接光纤收发器，使 PC1 能访问 PC2。

任务实施

1）按任务 2 的方法制作 4 条直通双绞线，保证所有设备的线缆使用长度。

2）将双绞线分别连接到交换机和光纤收发器上，保证设备的指示灯绿灯常亮。

3）将光纤跳线分别连接到两个光纤收发器上，注意接收端连接发送端（交叉连接）。

4）设置 PC1 和 PC2 的 IP 地址，使这两台计算机的 IP 地址保持在一个网络中。

5）使用 ping 命令或数据共享方法测试连通性。

6）如果不能进行正常通信则依次检查线路、计算机、交换机、光纤收发器排除故障。

结果验证

1）观察计算机网卡、交换机端口、光纤收发器接口指示灯是否绿灯常亮，有数据通信时则指示灯闪亮。

2）使用 ping 命令在 PC1 或 PC2 上测试对端的连通性，如果能 ping 通说明任务成功完成。

注意事项

1）本任务是模拟网络连接实验，在制作双绞线时应用测线仪测通后再进行连接，保证线路无故障。

2）如果线路连接正常而 ping 命令测不通时，则首先检查计算机是否安装了防火墙一类的安全软件。

实训报告

请参见本书配套的电子教学资源包，并填写其中的实训报告。

任务3 互联双机网络实验

双机互联组成的网络是最小的网络，但双机互联网络也具有所有完整网络组建必须具有的网络组成部分：网络通信介质、网络终端、网络互联设备等。下面就通过实验来组建一个双机互联网络，如图3-21所示。

PC1   PC2

图3-21 双机互联网络

任务需求

现有两台计算机，需要经常在它们之间传递文件。如果用U盘复制文件，很容易传染病毒。如何用最简单的方法构建一个网络环境，通过网络来交换数据，实现数据资源共享？

任务分析

把独立的两台计算机连接起来，只要通过网卡用交叉双绞线连接即可。共享数据资源最简单的方法是在一台计算机中设置文件夹共享，在另一台计算机中通过网上邻居获取共享文件夹中的数据文件。

知识准备

在前面的课程中，我们已经学习了网络的基础知识，包括IP地址分类及编码，子网掩码等。也学习了非屏蔽双绞线的制作和常见网络设备互联，有了这些知识，我们就可以容易地完成双机互联实验了。

设备环境

1）RJ45接头。
2）压线钳。
3）简易测线仪。
4）非屏蔽双绞线（5类或超5类均可）。
5）两台配有以太网卡的计算机。

任务描述

1）制作非屏蔽双绞线的交叉缆线，测试连通性，并连接两台计算机，组成直连网络。

2）理解交叉线和直连线的区别。

3）掌握测试网络连通性的步骤。

4）设置文件夹共享。

任务实施

1. 利用非屏蔽双绞线制作交叉线缆，并使用测线仪测试连通性良好

2. 安装网卡（如果是主板集成网卡，则可省略这一步）

1）首先准备一块网卡，网卡因厂家或型号不同，外观样式也不一定相同，如图 3-22 所示。

2）断开电源，打开主机机箱，注意主板上 PCI 插槽，如图 3-23 所示。

图 3-22　网卡

图 3-23　PCI 插槽

3）将网卡插入到一个 PCI 插槽中，如图 3-24 所示。

4）旋紧螺钉，将网卡固定在机箱上，如图 3-25 所示。

图 3-24　将网卡插入 PCI 插槽

图 3-25　旋紧螺钉

5）盖好机箱，将制作好的交叉双绞线一端插入主机背面网卡接口，如图 3-26 所示。

图 3-26　在主机背面网卡插上网线

3．安装网卡驱动程序

在 Windows XP 系统下，大部分网卡会被操作系统自动识别安装。如果不能自动识别，则使用网卡驱动盘进行手动安装。

4．配置 IP 地址

1）选择"网上邻居"图标并单击鼠标右键，在弹出的快捷菜单中选择"属性"选项，如图 3-27 所示。

2）在打开的"网络连接"窗口里选择"本地连接"并单击鼠标右键，在弹出的快捷菜单中选择"属性"选项，如图 3-28 所示。

图 3-27　设置网络连接

图 3-28　设置本地连接

3）在打开的"本地连接　属性"对话框中双击"Internet 协议（TCP/IP）"，如图 3-29 所示。

4）在打开的"Internet 协议（TCP/IP）属性"对话框中选择"使用下面的 IP 地址（S）"单选按钮，在文本框中填入 IP 地址，如图 3-30 所示。

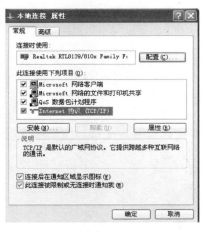

图 3-29　设置 Internet 协议（TCP/IP）

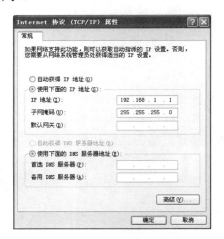

图 3-30　设置 IP 地址

5）这里我们选择任意子网的 IP 地址进行设置，如一台计算机输入 IP 地址为 192.168.1.1（见图 3-30），另外一台计算机输入 IP 地址为 192.168.1.2，它们的子网掩码都为 255.255.255.0。

5. 设置文件夹共享

1）双击"我的电脑"，选择盘符再次双击，选择需要共享的文件夹并单击鼠标右键（本实训中选择 Java 文件夹），在弹出的快捷菜单中选择"共享和安全"，如图 3-31 所示。

2）在弹出的"Java 属性"对话框中，选择"如果您知道……"，单击"确定"按钮，如图 3-32 所示。

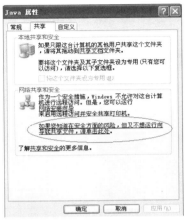

图 3-31 设置共享和安全　　　　　　　　　　图 3-32 文件夹属性

3）在打开的"启用文件共享"对话框中选择"只启用文件共享"，然后单击"确定"按钮，如图 3-33 所示。

4）回到"Java 属性"对话框，选择"在网络上共享这个文件夹"，如图 3-34 所示。至此文件夹共享设置完成。

实验提示：如果需要其他计算机能够向共享计算机执行新建、写入、删除文件等操作，则可以选中"允许网络用户更改我的文件"选项。

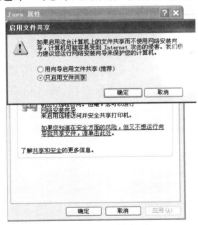

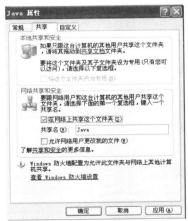

图 3-33 启用文件共享　　　　　　　　　　图 3-34 设置共享名

结果验证

1）接好网线，利用 ping 命令进行网络连通性测试。

2）单击"开始"菜单，再单击"运行"命令，弹出"运行"对话框，输入"cmd"命令，如图 3-35 所示。

3）弹出"命令提示符"窗口，如图 3-36 所示。

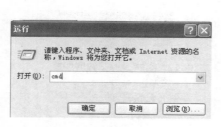

图 3-35 "运行"对话框　　　　　　图 3-36 "命令提示符"窗口

4）利用 ping 命令，测试 PC1 是否与 PC2 连通，在 PC1 中输入：ping 192.168.1.2，如果结果显示下列信息则表示两机连通：

Reply from 192.168.1.2: bytes =32 time <10ms TTL=128

Reply from 192.168.1.2: bytes=32 time<10ms TTL=128

Reply from 192.168.1.2: bytes=32 time<10ms TTL=128

如果结果显示下列信息则表示两机不通：

Request timed out.

Request timed out.

Request timed out.

注意事项

如果在网络配置都正确的情况下，测试网络不通，则应该查看对方计算机上的防火墙是否开启，如果防火墙开启则将其关闭再测试。关闭防火墙的步骤如下：在 Windows 操作系统中，单击"开始"→"设备"→"网络连接"，在"网络连接"图标上单击鼠标右键，在弹出的快捷菜单中选择"属性"→"高级"→"Windows 防火墙"，设置"关闭"防火墙。

实训报告

请参见本书配套的电子教学资源包，并填写其中的实训报告。

项目 4 构建 Windows XP 对等网

实现资源共享最常用的网络环境是对等网，这也是普通家庭或小型组织最常采用的网络结构。在组建对等网时，需要对加入网络的计算机进行相关的网络配置，以使它们能够相互访问。另外，由于操作系统版本不同，所以不同系统间的互访会存在问题。由于 Windows XP/2000 安全性控制的不同，会使默认情况下计算机不能互相访问，需要专门的设置，才能开放互访限制。在小型网络中，最常做的事就是共享资料，本项目将对局域网中各种常用的资源共享进行专门的介绍。

学习目标

- 组建 Windows XP 对等网
- 文件和打印机共享
- Internet 共享上网

任务 1 组建 Windows XP 对等网

目前 Windows XP 已经成为最主流的操作系统，很多家庭用户都使用 Windows XP 的操作系统。而在组建起来的家庭局域网中，如果已经安装了 Windows XP，则要进行简单的配置，才能形成对等网络。

任务需求

信息学校网络实训室每个实训台上有 6 台计算机，在进行 Windows XP 网络实训时，要求每两台计算机之间使用双绞线直接连接，不借助于其他设备，实现两台计算机之间简单的资源共享和信息传输。如何实现用户之间的互访呢？

任务分析

想要完成任务，需要对 Windows XP 进行相关设置，借助于交叉双绞线，使安装 Windows XP 的两台计算机之间能够互联，组建 Windows XP 对等网。

知识准备

1. 对等网的概念

对等网是相对于服务器-客户端网络而言的，网络中的每台机器拥有完全平等的权限。

组建对等网很简单，只要把网络中的所有计算机加入工作组，并设置相同的子网掩码和一定范围的 IP 地址即可。

2．对等网的使用范围

对等网可以说是当今最简单的网络，非常适合家庭、校园和小型办公室。它不仅投资少，连接也很容易。

设备环境

1）两台安装有 Windows XP 操作系统的计算机。
2）交叉双绞线 1 根。

任务描述

对已安装有 Windows XP 操作系统的计算机进行设置，使两台计算机之间实现互联。

任务实施

（1）检查网线、网卡是否已连接好

（2）检查 Windows XP 的基本情况

选择"我的电脑"图标并单击鼠标右键，在弹出的快捷菜单中选择"属性"选项，打开"系统属性"对话框，如图 4-1 所示。选择"计算机名"选项卡，检查计算机名 gt-xpsp3、工作组名 WORKGROUP 是否正确，如果不正确，单击"更改"按钮，打开"计算机名称更改"对话框，修改计算机名和工作组，如图 4-2 所示。

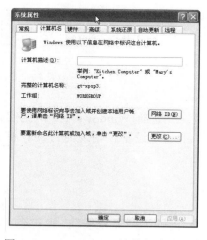

图 4-1　Windows XP 计算机名选项卡　　　　图 4-2　"计算机名称更改"对话框

（3）安装网络组件及配置

选择"网络邻居"图标并单击鼠标右键，在弹出的快捷菜单中选择"属性"选项，打开"网络连接"对话框。双击"本地连接"选项，打开"本地连接状态"对话框，单击"属性"按钮，打开"本地连接属性"对话框。双击"Internet 协议（TCP/IP）"选项，打开"Internet

协议（TCP/IP）属性"对话框，如图 4-3 所示，在其中设置 IP 地址后单击"确定"按钮。

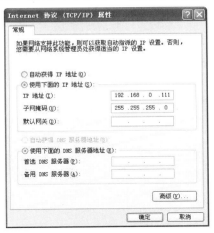

图 4-3　Windows XP IP 地址设置界面

（4）创建本地用户

在 Windows XP 上，可以创建本地用户。用 Administrator 账户登录，单击"开始"→"控制面板"→"切换到经典视图"→"管理工具"→"计算机管理"→"本地用户和组"选择"用户"选项并单击鼠标右键，在弹出的快捷菜单中选择"新用户"，如图 4-4 所示。打开如图 4-5 所示的"新用户"对话框，输入用户名 user3，管理员可根据需要设置密码，取消"用户下次登录时须更改密码"复选框，勾选"用户不能更改密码"和"密码永不过期"复选框，如图 4-5 所示，单击"创建"按钮后关闭对话框。

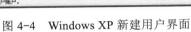

图 4-4　Windows XP 新建用户界面　　　　图 4-5　Windows XP 新建用户设置界面

（5）更改用户登录或注销的方式

为方便不同的本机用户账户登录 Windows XP，可以将 Windows XP 的登录或注销更改为传统的方式。设置方法如下：

单击"开始"→"控制面板"，打开"控制面板"对话框，双击"用户账户"，在打开的"用户账户"窗口中选择"更改用户登录或注销的方式"选项，在打开的"用户账户—选择登录和注销选项"对话框中取消勾选"使用欢迎屏幕"，再单击"应用选项"

按钮，如图 4-6 所示。

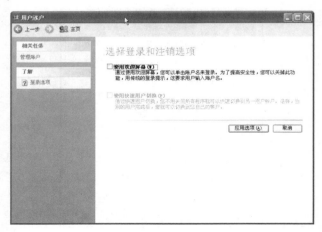

图 4-6　Windows XP 更改登录或注销方式

结果验证

网络直连跟操作系统版本无关，Windows XP/2000/98/ME 之间是可以互联的，关键是网络是否畅通，网络参数是否设置正确。用交叉双绞线将两台计算机网卡连接好后应该可以看到网卡上的指示灯在闪烁。然后设置 IP 地址，此处设置为：192.168.0.111，子网掩码是：255.255.255.0。另一台设置为 192.168.0.112，子网掩码是：255.255.255.0。然后使用 DOS 命令：ping 相互测试。如果反馈信息是 XXms，则表示网络畅通，双机互联成功了。否则就要检查是否是网线没有接好或者是网线有问题。

注意事项

1）如果两台计算机不通过交换机或路由器直联，那么网线就必须要用交叉网线。
2）在进行系统设置时，要把两台计算机的 IP 地址设置成同一个 IP 段，并在相同的工作组内。

实训报告

请参见本书配套的电子教学资源包，并填写其中的实训报告。

任务 2　共享文件和打印机

新安装好的 Windows XP 操作系统，安全性是很高的，磁盘内的文件夹默认是不给网络上的用户共享使用的，因此，必须通过网络安装向导来实现网络资源共享。

任务需求

在任务 1 中，我们已经对 Windows XP 系统做好了对等网组建的设置，可以实现用户之间的连通，那么如何让计算机之间能传递文件、共享数据呢？每个操作台上只有一台打印机，如果每个同学都想打印上机报告，则必须要在每台计算机安装一遍打印机驱动，并且还要多次插拔打印机的数据线，使用非常不方便。那么在只有一台打印机的情况下，如何方便地使用其他用户的硬件资源？其他用户如何打印本机文件呢？

任务分析

想要完成此任务，我们可以使用移动存储设备进行资源的移动或打印，但是这种方法既费时又费力。如何能轻松地实现网络资源的互相访问呢？我们可以设置共享，通过共享来实现资源的互相访问。

知识准备

1．什么是文件共享

文件共享是指主动地在网络上（互联网或小的网络）共享自己的计算机文件。一般文件共享使用 P2P 模式，文件本身存在于用户本人的个人计算机上。大多数参与文件共享的人也同时下载其他用户提供的共享文件。有时这两种行为是连在一起的。

2．什么是共享打印机

如果将打印机连接到计算机，则可以与同一网络内的任何人共享该打印机。无论打印机是什么类型，只要它已安装在计算机上，用通用串行总线（USB）电缆或其他类型的打印机电缆连接即可。如果其他人能在网络中找到您的共享打印机，那么他们就可以使用该打印机进行打印。

设备环境

1）两台安装有 Windows XP 操作系统的计算机。
2）一台打印机。

任务描述

1）对已安装有 Windows XP 操作系统的计算机进行设置，使两台计算机之间的文件可以互相访问。
2）对已安装有 Windows XP 操作系统的计算机进行设置，实现多个用户可以共用一台打印机。

任务实施

（1）对已安装有 Windows XP 操作系统的计算机进行设置，使两台计算机之间的文件可以互相访问

1）用 Administrator 用户登录，创建一个文件夹 d:\共享，选择该文件夹并单击鼠标右

键，在弹出的快捷菜单中选择"共享和安全"，打开"共享属性"对话框，如图 4-7 所示。

2）在"网络共享和安全"选项栏中单击"网络安装向导"，打开如图 4-8 所示的网络安装向导窗口。

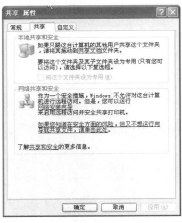

图 4-7 "共享"选项卡

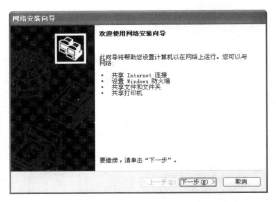

图 4-8 Windows XP 网络安装向导窗口

3）单击"下一步"按钮进入"网络安装向导—选择连接方法"对话框，勾选"其他（O）"单选按钮，如图 4-9 所示。

4）单击"下一步"按钮，打开"网络安装向导—其他 Internet 连接方法"对话框，勾选"这台计算机属于一个没有 Internet 连接的网络"单选按钮，如图 4-10 所示。

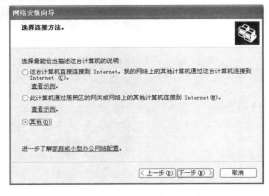

图 4-9 选择连接方法

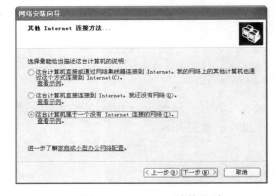

图 4-10 Internet 连接方法

5）单击"下一步"按钮，打开"网络安装向导—给这台计算机提供描述和名称"对话框，提供计算机名和描述，如图 4-11 所示。

6）单击"下一步"按钮，打开"网络安装向导—命名您的网络"对话框，将工作组名改为"WORKGROUP"，如图 4-12 所示。

7）单击"下一步"按钮，打开"网络安装向导—文件和打印机共享"对话框，勾选"启用文件和打印机共享"单选按钮，如图 4-13 所示。

8）单击"下一步"按钮，打开"网络安装向导—准备应用网络设置"对话框，应用网络设置，如图 4-14 所示。

图 4-11 提供计算机名和描述

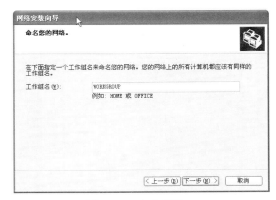

图 4-12 命名网络

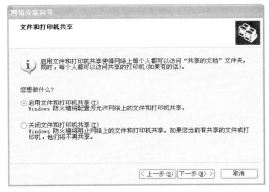

图 4-13 文件和打印机共享

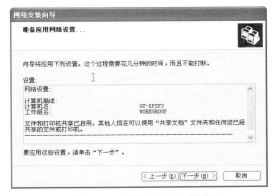

图 4-14 准备应用网络设置

9）单击"下一步"按钮，开始配置网络，在"网络安装向导—快完成了"窗口中选择"完成该向导。我不需要在其他计算机上运行该向导"单选按钮，单击"下一步"按钮，完成网络安装，如图 4-15 所示。

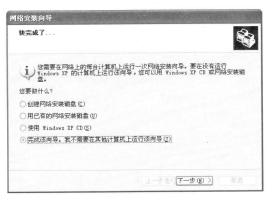

图 4-15 完成网络安装向导

10）再对共享文件夹设置共享，其共享属性就起作用了，可勾选"在网络上共享这个文件夹"复选框，如图 4-16 所示。

11）共享设置完成，如图 4-17 所示。

图 4-16　对文件夹设置共享

图 4-17　共享设置完成

12）下面，我们来验证一下共享是否设置成功。从其他的计算机访问已设置共享的计算机，打开"网上邻居"对话框，在地址栏中输入\\192.168.0.111，然后按<Enter>键，如图 4-18 所示。

图 4-18　使用 IP 地址访问共享文件夹

13）也可以在地址栏中输入共享计算机的计算机名称来访问共享文件，此处输入 gt-xpsp3，然后按<Enter>键，如图 4-19 所示。

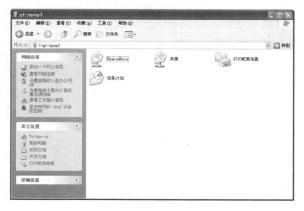

图 4-19　使用计算机名称访问共享文件

14）如果希望从网络上能向这台共享的计算机上写入文件，则需要勾选"允许网络用户更改我的文件"复选框，这样从网络上就可以向这台计算机写入文件了，如图 4-20 所示。

（2）对已安装有 Windows XP 操作系统的计算机进行设置，实现多个用户可以共用一台打印机

1）在日常生活中，很多时候我们需要多台计算机使用一台打印机来打印。下面就来设置共享打印机。单击"开始"→"控制面板"→"打印机和传真"，打开"打印机和传真"窗口，如图 4-21 所示。

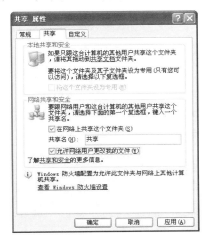

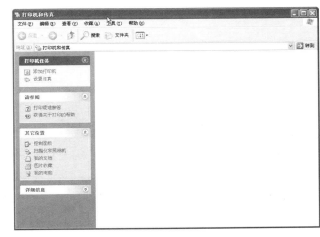

图 4-20　为共享文件设置写入权限　　　图 4-21　"打印机和传真"窗口

2）如果没有安装打印机，则需要先安装一台打印机，单击"添加打印机"图标，会弹出"添加打印机向导"对话框，如图 4-22 所示。

3）在这里，我们安装一台 Epson1600K 打印机，如图 4-23 所示。

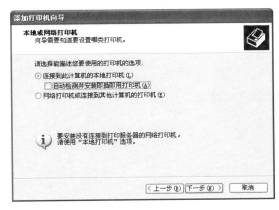

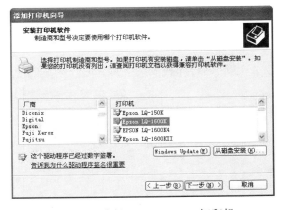

图 4-22　安装一台打印机　　　图 4-23　选择 Epson 1600K 打印机

4）安装完成后，选择已安装的打印机并单击鼠标右键，在弹出的快捷菜单中选择共享选项，设置共享名为 Epson LQ，单击"确定"按钮，如图 4-24 所示。

5）现在我们可以在其他计算机上添加网络打印机，选择"添加打印机"→"添加网络打印机"，打开"添加打印机向导—本地网络打印机"对话框，如图 4-25 所示，勾选"网

络打印机或连接到其他计算机的打印机"单选按钮。

6）单击"下一步"按钮，打开"添加打印机向导—指定打印机"对话框，输入网络打印机名称或地址，如图 4-26 所示。

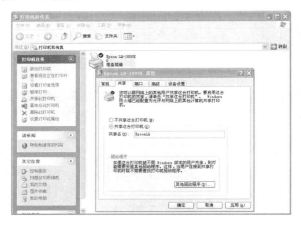

图 4-24　设置打印机共享名

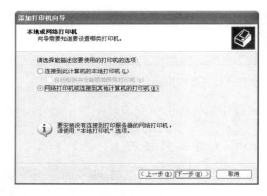

图 4-25　添加网络打印机

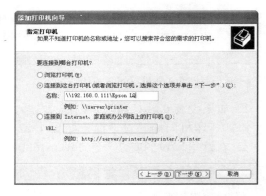

图 4-26　输入网络打印机名称或地址

7）网络打印机安装完成，可以像正常使用打印机一样使用网络打印机了，如图 4-27 所示。

图 4-27　网络打印机安装完成

结果验证

1）打开网上邻居直接输入地址\\192.168.0.111 或输入共享计算机的计算机名 gt-xpsp3，然后按<Enter>键，我们会看到共享的文件夹和共享的打印机。这就说明设置文件和打印共享成功了。如果还需要向这台共享计算机上写入文件，则将共享文件夹设置为"允许网络用户更改我的文件"，这样从网络上就可以向这台计算机写入文件了。

2）打开"打印机和传真"窗口，应该可以看到打印机的图标与其他共享设置一样，在图标上加了一只小手。如果你看到了打印机的小手，那就说明打印机已经共享成功。

注意事项

绝大多数局域网用户在 Windows XP 工作站中安装共享打印机时最容易遇见的问题是：工作站搜索不到共享打印机。通常的表现形式是在共享打印机列表中只出现"Microsoft Windows Network"的信息，而共享打印机却搜索不到。

这个问题有 3 个解决方法。

1）在为"本地连接"安装"NWLink IPX/SPX/NetBIOS Compatible Transport Protocol"协议后，通常就可以搜索到共享打印机了。

2）直接在"网上邻居"中双击进入打印服务器后，选择"共享打印机"图标并单击鼠标右键，在弹出的快捷菜单中选择"连接"选项，在弹出的提示框中单击"是"按钮即可快速安装好共享打印机。

3）检查打印服务器的"本地连接"是否启用了"Internet 连接防火墙"功能，如果开启了，则取消该功能；如果既想使用"Internet 连接防火墙"功能，又想共享文件和打印机，则要安装 NetBEUI 协议（非路由协议）。

实训报告

请参见本书配套的电子教学资源包，并填写其中的实训报告。

任务 3　共享 Internet 上网

"Internet 连接共享"曾是 Windows 98（SE）/Me/2000 中的功能，在 Windows XP 中得以完善和增强，它让局域网内的多台计算机，通过其中一台已与 Internet 连接的计算机来连接 Internet，从而使多台计算机共享一条 Internet 连接线路上网，在上网的同时还提供防火墙的保护。要使用"Internet 连接共享"来共享您的 Internet 连接，主计算机必须具有一个配置为连接到内部网络的网络适配器，以及一个配置为连接到 Internet 的网络适配器或调制解调器。

任务需求

信息学校网络实训室进行 Internet 共享上网实训，为了实验方便要求使用 VMware 安装 Windows XP 作为客户机，本机作为共享主机，如何进行相关设置才能实现此任务？

任务分析

进行 Internet 共享上网设置时，如果不在虚拟机中进行相对比较简单，但如果想让虚拟机的 Windows 作为客户机使用宿主机的 Internet 共享上网，则还是有一些难度，我们在完成 Internet 共享的设置后，还要相应调整 VMware 的网络模型。

知识准备

1. 什么是 Internet 连接共享

简单地说，如果使用 Internet 连接共享（Internet Connection Sharing，ICS），那么只通过一个连接就可以将家庭或小型办公网络上的计算机连接到 Internet。例如，可能有一台通过拨号连接与 Internet 相连的计算机。当在这台称为 ICS 主机的计算机上启用 ICS 时，网络上的其他计算机将通过此拨号连接连接到 Internet。

2. Internet 连接共享的优缺点

优点：①由于是 Windows 操作系统内部组件，所以与系统兼容性最好，而且设置简单，客户无须设置过多，只需采用默认选择即可。②可以多机共享一条线路节省上网费用。缺点：①共享主机不能停机，否则，其他计算机将无法继续共享 Internet 接入。②需要两个网络连接，主机需要安装两块网卡，一个用于连接外网，一个用于连接内网。

设备环境

1）一台安装有 Windows XP 操作系统的计算机。
2）安装虚拟机 VMware 软件虚拟网卡（或为主机配置双网卡）。

任务描述

在已安装有 Windows XP 的操作系统中安装 Internet 共享并设置。

任务实施

1）以管理员或所有者的身份登录到主机，单击"开始"→"控制面板"→"网络连接"，打开"网络连接"窗口，选择"本地连接"并单击鼠标右键，在弹出的快捷菜单中选择"属性"选项，如图 4-28 所示。

2）打开"本地连接属性"对话框，单击"高级"选项卡。在"Internet 连接共享"选项组中，选中"允许其他网络用户通过此计算机的 Internet 连接来连接（N）"复选框，如图 4-29 所示。

单击"确定"按钮后，会弹出"本地网络"信息框，提示是否与 Internet 连接共享，如图 4-30 所示。

3）单击"是"按钮，Internet 的连接将与局域网（LAN）上的其他计算机共享。连接到 LAN 的网络适配器（此处指 VMnet1）被配置为具有静态 IP 地址：192.168.0.1 和子网

掩码：255.255.255.0

4）启动 VMware 虚拟机软件，运行内部安装的 Windows XP 系统，如图 4-31 所示。

图 4-28 设置本地连接　　　　　　　图 4-29 本地连接属性

图 4-30 提示 Internet 连接共享是否被启用

图 4-31 在 VMware 中运行 Windows XP

5）调整虚拟机的网络模型为 Host-only 方式，如图 4-32 所示。

6）设置虚拟机的 Windows XP 的网络属性，将 IP 地址设置为：192.168.0.2，子网掩码设置为：255.255.255.0，网关设置为：192.168.0.1，首选 DNS 服务器设置为：192.168.0.1，如图 4-33 所示。

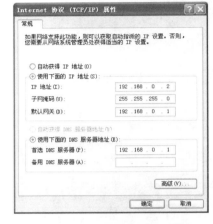

图 4-32　设置 VMware 的网络模型为 Host-only　　　图 4-33　设置客户机网络属性

7）在虚拟机的 Windows XP 中使用 ping 命令测试与宿主机 192.168.0.1 是否能通信，如果能 ping 通，此时可以启动 IE 浏览器，即可通过宿主机的 Internet 连接共享上网了。

结果验证

1）若要保证虚拟机和宿主机连接到的 LAN 网络适配器（此处指 VMnet1）之间可以通信，则调整网络模型为 Host-only 方式后，在虚拟机中如能 ping 通 192.168.0.1 或在宿主机中能 ping 通 192.168.0.2，说明通信正常。

2）在虚拟机中使用 IE 浏览器可以打开网页，说明任务完成。

注意事项

1）进行实验时将虚拟机的 VMnet8 网络适配器禁用，只留下本机网卡和 VMnet1，避免对实验产生影响。

2）宿主机最好可以访问 Internet，因为这样实验结果才容易验证，并且比较直观。

3）客户机的网络属性中 DNS 服务器的地址可以填外网 DNS 地址，也可填宿主机内网适配器（此处指 VMnet1）的 IP 地址，如果不填将不能以域名方式访问互联网。

实训报告

请参见本书配套的电子教学资源包，并填写其中的实训报告。

项目 5　Windows Server 2003 网络服务

Windows Server 2003 具有高可靠性、可伸缩性和可管理性，它为加强联网应用程序、网络和 XML Web 服务的功能提供了高效的结构平台。

在 Windows Server 2003 中，各种网络服务以服务器角色出现，方便了用户对网络资源进行分配与管理。应用服务器角色对网络进行管理，一般需要有 WWW 服务、域名系统服务、动态主机配置协议服务、FTP 服务的配合与支持。本项目将重点讲解上述 4 种服务的实现方法与技巧。

学习目标

- WWW 配置
- FTP 配置
- DNS 配置
- DHCP 配置

任务 1　配置 WWW

对于一个安全、高效的校园网络来说，网络服务器是其中一个重要的组成部分。它可作为网络的管理者，也可作为网络服务的提供者。Windows Server 2003 是局域网中服务器操作系统的一个主要选择之一，它具有界面美观、方便操作、兼容性好等优点。

Windows Server 2003 的网络服务有很多，如 Web 服务器、FTP 服务器等。在本次任务中，我们主要学习 Web 服务器的配置。

任务需求

信息学校就业科为了能够更好地宣传学校，想把近几年学校学生分配的情况及相关企事业单位的信息以网站形式发布出去，使本校更多学生能清楚了解就业形势，掌握社会人才需求情况。如果使用 Windows Server 2003 系统，如何能让就业科建立一个服务器发布网站呢？

任务分析

发布网站的方法很多，如果网站的页面已经完成，就可以使用 Windows Server 2003 系统的 IIS 来发布网站。因为是校园内部使用，所以也不涉及申请公网地址和网站备案。

知识准备

1. 什么是 IIS

Internet Information Services（IIS，互联网信息服务），是由微软公司提供的基于运行 Microsoft Windows 的互联网基本服务。最初是 Windows NT 版本的可选包，随后内置在 Windows 2000、Windows XP Professional 和 Windows Server 2003 一起发行，但在普遍使用的 Windows XP Home 版本上并没有 IIS。

2. Web 服务器

Web 服务器也称为 WWW（World Wide Web）服务器，主要功能是提供网上信息浏览服务。WWW 是 Internet 的多媒体信息查询工具，也是发展最快和目前使用最广泛的服务。正是因为有了 WWW 工具，才使得近年来 Internet 迅速发展，且用户数量飞速增长。

3. WWW 简介

WWW 是 World Wide Web （环球信息网）的缩写，也可以简称为 Web，中文名字为"万维网"。它起源于 1989 年 3 月，由欧洲量子物理实验室 CERN（the European Laboratory for Particle Physics）所发展出来的主从结构分布式超媒体系统。通过万维网，人们只要使用简单的方法，就可以很迅速方便地取得丰富的信息资料。由于用户在通过 Web 浏览器访问信息资源的过程中，无需再关心一些技术性的细节，而且界面非常友好，因此 Web 在 Internet 上一推出就受到了热烈的欢迎，走红全球，并迅速得到了爆炸性的发展。

设备环境

1）一台操作系统为 Windows Server 2003 的计算机。
2）Windows Server 2003 安装光盘。

任务描述

1）在操作系统为 Windows Server 2003 的计算机上安装 Internet 信息服务组件，配置 WWW 服务。
2）在操作系统为 Windows Server 2003 的计算机上配置网站的虚拟目录服务。

任务实施

（1）在操作系统为 Windows Server 2003 的计算机上安装 Internet 信息服务组件，配置 WWW 服务

1）单击"开始"→"控制面板"→"添加删除程序"，如图 5-1 所示。
2）打开"Windows 组件向导"对话框，选择"应用程序服务器"，单击"详细信息"按钮，如图 5-2 所示。
3）在弹出的"应用程序服务器"对话框中，可以看见默认安装的子组件，我们在这里不做任何改动，如果有需要则在以后添加，如图 5-3 所示。
4）直接单击"确定"按钮，打开"Windows 组件向导—正在配置组件"对话框，进

入 Internet 信息服务组件的安装过程，如图 5-4 所示。

5）按照系统提示，插入 2003 的光盘或者指定的路径。单击"完成"按钮结束 Internet 信息服务组件的安装，如图 5-5 所示。

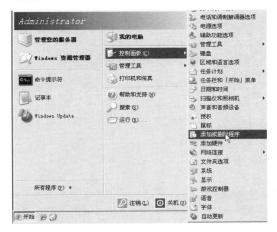

图 5-1　选择添加删除程序

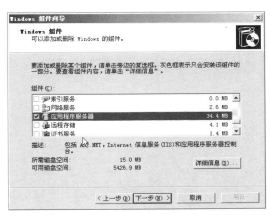

图 5-2　"Windows 组件向导"对话框

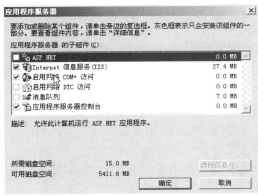

图 5-3　"应用程序服务器"对话框

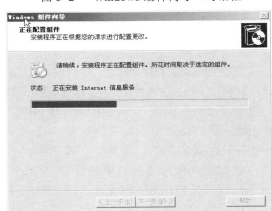

图 5-4　Internet 信息服务组件安装过程

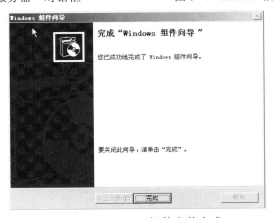

图 5-5　Windows 组件安装完成

6）安装完 Internet 信息服务组件后，我们选择"开始→程序→管理工具→IIS 管理器"即可打开"Internet 信息服务（IIS）管理器"窗口，如图 5-6 所示。

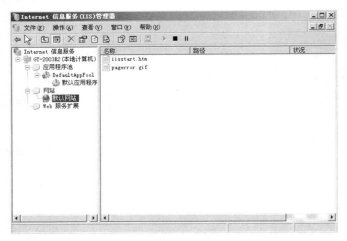

图 5-6　Internet 信息服务（IIS）管理器窗口

7）在图 5-6 中，单击"网站"，选择"默认网站"，选择"操作"选项卡，单击"属性"选项，打开"默认网站属性"对话框，显示默认网站的界面信息，如图 5-7 所示。

下面来了解一下默认站点上的选项的具体含义。

① IP 地址与 TCP 端口：要访问一个 Web 站点，首先要配置网站的 IP 地址和 TCP 端口。选择"网站"选项卡即可看到一些具体的详细信息。在"IP 地址"一栏中可以选择"全部未分配"或者"指定本地的 IP 地址"。"TCP 端口"通常设置为"80"，表示 Web 服务器默认的站点，也可以通过修改 TCP 端口来访问 Web 站点，但是在一般的情况下，TCP 端口是保留默认设置的。在本例中，设置 IP 地址为 192.168.198.130。

② 描述：使用通俗易懂的语言来标记网站。

③ 连接超时：连接和没有连接之前的超时等待；一般情况下，默认超时的时间是 120s。

④ 保持 HTTP 连接：服务器与客户端保持连接，再次访问时不需要重新连接即可访问。

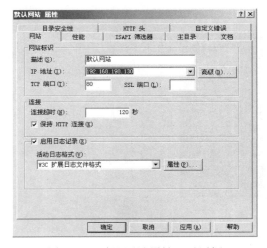

图 5-7　"默认网站属性"对话框

8）在配置默认站点之前首先创建一个文件夹并为它设置访问的网页，如图 5-8 所示。我们在 C 盘为"默认网站"创建了一个默认文件夹并为它设置了要访问的网页。

图 5-8 创建网站文件夹

9）配置"默认网站"的主目录。

在配置主目录时有 3 个选项供选择，如图 5-9 所示。一般情况下，选择第 1 个选项"此计算机上的目录"，也可以选择后两个选项来完成 Web 站点的访问。

① 此计算机上的目录：选择它可以将该网站的网页存放在本地计算机的路径中。

② 另一台计算机上的共享：选择该选项，可以将网页存放在网络的其他计算机上，但是它需要 UNC 路径来确定。

③ 重定向到 URL：如果选择该选项，客户端访问的时候它会指定到其他的网站。

注意：我们只能选择"读取"来完成主目录的配置，一般情况下是不会选择"写入"的，因此这对于网页是不安全的。

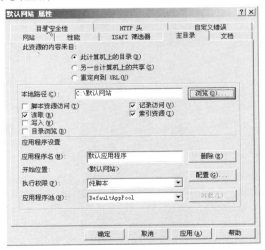

图 5-9 配置"默认网站"的主目录

10）配置"默认网站"的文档。

　　在配置文档时要知道设置"文档"其实是设置网站的首页。在这里我们也可以自己添加主页，单击"添加"按钮，打开"添加内容"对话框，输入 start.htm，单击"确定"按钮，如图 5-10 所示。

　　11）勾选"启用默认文档"复选框，选择 start.htm，单击"确定"按钮添加完成，如图 5-11 所示。

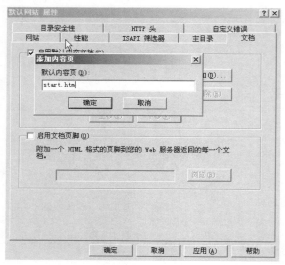

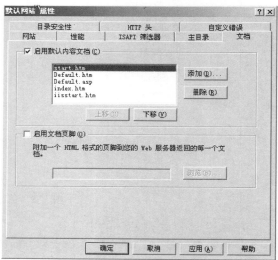

图 5-10　配置"默认网站"的文档　　　　　图 5-11　配置"默认网站"的文档添加完成

　　12）下面来访问自己创建的 Web 服务器，在 IE 地址栏中输入 http://192.168.198.130，并按<Enter>键。如果出现我们要访问的主页，则说明设置成功，如图 5-12 所示。

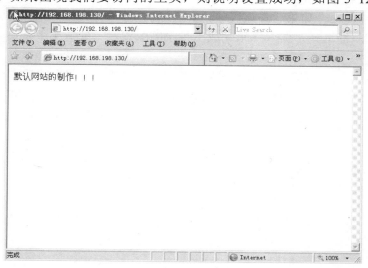

图 5-12　访问"默认网站"

（2）在操作系统为 Windows Server 2003 的主机上配置网站的虚拟目录服务

　　配置虚拟目录的优势包括：配置虚拟目录可以将数据分散保存到不同的磁盘或者计算机上，便于管理和维护；当你的数据移动到其他物理位置时，不会影响 Web 站点的逻辑结构。

1）和配置"默认网站"一样，在创建虚拟目录之前先来创建文件夹并为它创建文件夹的内容，如图 5-13 所示。

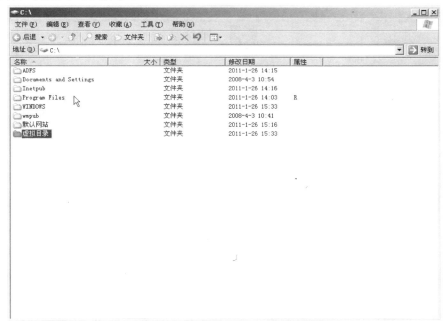

图 5-13　创建"默认网站"的虚拟目录文件夹

2）打开"Internet 信息服务（IIS）管理器"窗口界面，选中"默认网站"，单击"操作"选项卡→"新建"→"虚拟目录"，如图 5-14 所示。打开"虚拟目录创建向导"对话框后，单击"下一步"按钮。

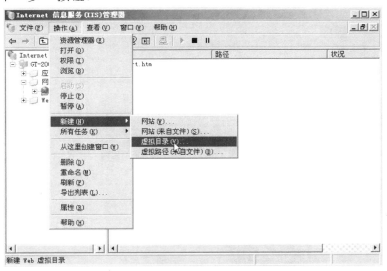

图 5-14　创建"默认网站"的虚拟目录

3）在"虚拟目录创建向导"—"虚拟目录别名"对话框中，在"别名"文本框中输入 xuni，单击"下一步"按钮，如图 5-15 所示。

4）在"虚拟目录创建向导—网站内容目录"对话框中，选择文本的路径（此文件夹必须是包含网页文件的目录），再单击"下一步"按钮，如图 5-16 所示。

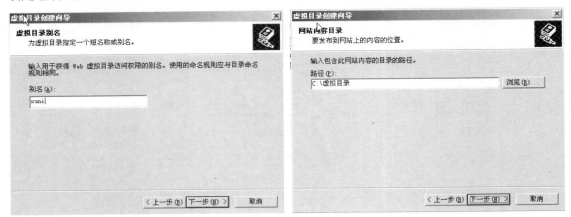

图 5-15　输入虚拟目录别名　　　　　　　图 5-16　输入虚拟目录路径

5）在"虚拟目录创建向导—虚拟目录访问权限"对话框中选择虚拟目录的"权限"，勾选 "读取"复选框即可完成，再单击"下一步"按钮，如图 5-17 所示。

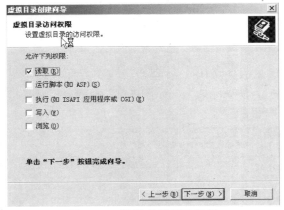

图 5-17　选择虚拟目录权限

6）单击"完成"按钮，虚拟目录创建完成，如图 5-18 所示。

图 5-18　虚拟目录创建完成

7）创建完虚拟目录之后，我们再配置它的文档选项。打开"xuni 属性"对话框，选择"文档"选项卡，配置文档选项，如图 5-19 所示。

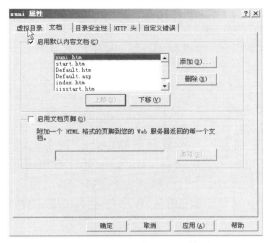

图 5-19　配置虚拟目录首页

8）在 IE 地址栏中输入 http://192.168.198.130/xuni，如果出现要访问的网页则说明虚拟目录设置成功，如图 5-20 所示。

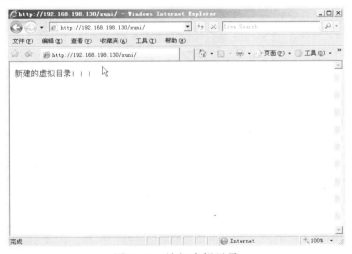

图 5-20　访问虚拟目录

结果验证

1）访问自己创建的 Web 服务器，在 IE 地址栏中输入 http://192.168.198.130 并按<Enter>键，验证默认服务器是否创建成功。

2）在 IE 地址栏中输入 http://192.168.198.130/xuni 并按< Enter >键，验证虚拟目录是否设置完成。

注意事项

如果 Web 服务器主目录所在分区是 NTFS 格式，而 ASP 网页有写入操作时，则要注意设置写入及修改权限。

实训报告

请参见本书配套的电子教学资源包，并填写其中的实训报告。

任务2　配置 FTP

FTP 是文件传输协议的简称，一般情况下 Windows 服务器版操作系统都自带此组件。由于 FTP 依赖 Microsoft Internet 信息服务（IIS），因此计算机上必须安装 IIS 和 FTP 服务。在 Windows Server 2003 中安装 IIS 时不会默认安装 FTP 服务。如果已在计算机上安装了 IIS，则必须使用"控制面板"中的"添加或删除程序"工具安装 FTP 服务。

任务需求

在任务 1 中，我们完成了 Web 服务器的配置，也就是说如果服务器接入校园网，学生就可以访问就业科的网站了，但如果就业科的人需要远程管理维护服务器，则仅仅配置 Web 服务器是不够的。至少还需要配置 FTP 文件下载和上传服务，那么在 Windows Server 2003 中如何配置 FTP 呢？

任务分析

在没有全面完善建立的 Web 服务器之前，一般情况下，需要使用 FTP 方式在管理机和服务器之间传输文件，因为它设置简单、操作方便、容易实现。我们在 Windows Server 2003 的网络服务中配置 FTP 服务器即可实现。

知识准备

1. FTP 简介

FTP 是 File Transfer Protocol（文件传输协议）的英文简称，而中文简称为"文传协议"。用于 Internet 上的控制文件的双向传输。同时，它也是一个应用程序（Application）。用户可以通过它将自己的计算机与世界各地所有运行 FTP 的服务器相连，访问服务器上的大量程序和信息。FTP 的主要作用就是让用户连接上一个远程计算机（这些计算机上运行着 FTP 服务器程序）并查看远程计算机有哪些文件，然后把文件从远程计算机上复制到本地计算机，或把本地计算机的文件传送到远程计算机上。

2. FTP 服务器

FTP 服务器是在互联网上提供存储空间的计算机，它们依照 FTP 提供服务。FTP 的全称是 File Transfer Protocol（文件传输协议），顾名思义，就是专门用来传输文件的协议。简单地说，支持 FTP 的服务器就是 FTP 服务器。

设备环境

1）一台操作系统为 Windows Server 2003 的计算机。

2）Windows Server 2003 安装光盘。

任务描述

1）在操作系统为 Windows Server 2003 的计算机上安装 FTP 服务组件，配置基本 FTP 服务。

2）在操作系统为 Windows Server 2003 的计算机上，配置 FTP 虚拟目录服务。

任务实施

（1）在操作系统为 Windows Server 2003 的计算机上安装 FTP 服务组件，配置基本 FTP 服务

1）单击"开始"→"控制面板"→"添加或删除程序"选项，如图 5-21 所示。

2）打开"添加或删除程序"窗口，单击"添加/删除 Windows 组件"图标，在弹出的"Windows 组件向导"对话框中勾选"应用程序服务器"复选框，再单击"详细信息"按钮，如图 5-22 所示。

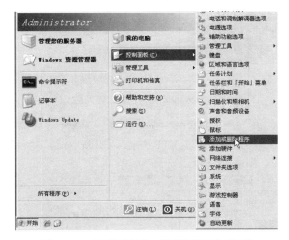 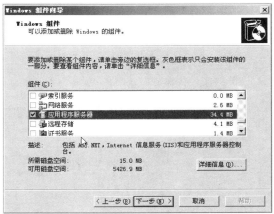

图 5-21　选择"添加或删除程序"选项　　　　图 5-22　"Windows 组件向导"对话框

3）在弹出的"应用程序服务器"对话框中，勾选"Internet 信息服务（IIS）"复选框，并单击"详细信息"按钮，如图 5-23 所示。

4）在弹出的"Internet 信息服务（IIS）"对话框中，勾选"文件传输协议（FTP）服务"复选框，单击"确定"按钮，如图 5-24 所示。

5）打开"Windows 组件向导—正在配置组件"对话框，进入 Internet 信息服务组件安装的具体过程，并进行"文件传输协议（FTP）服务"的添加，如图 5-25 所示。

6）按照系统提示，插入 Windows Server 2003 的光盘或者指定的路径，单击"确定"按钮就完成了"文件传输协议（FTP）服务"的安装，最后再单击"完成"按钮，如图 5-26 所示。

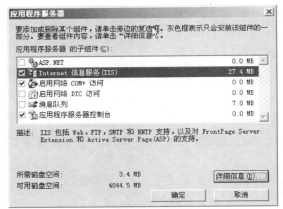

图 5-23 "应用程序服务器"对话框

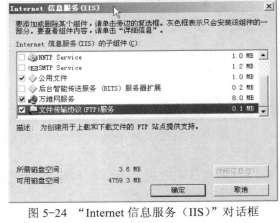

图 5-24 "Internet 信息服务（IIS）"对话框

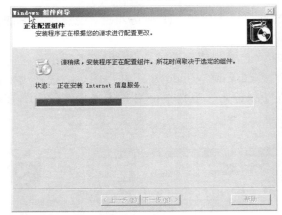

图 5-25 "文件传输协议（FTP）服务"安装过程

图 5-26 Windows 组件安装完成窗口

7）选择"开始"→"所有程序"→"管理工具"→"Internet 信息服务（IIS）管理器"选项，打开"Internet 信息服务（IIS）管理"窗口即可开始管理 FTP 站点，如图 5-27 所示。

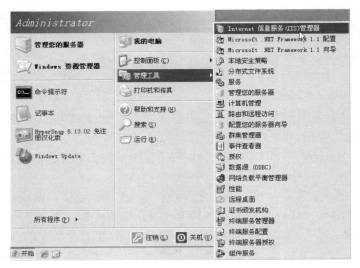

图 5-27 打开 Windows Sever 2003 IIS 管理器

8）在"Internet 信息服务（IIS）管理器"窗口中选择"FTP 站点"选项，如图 5-28 所示。

9）单击"操作"选项卡，选择"新建"→"FTP 站点"选项，如图 5-29 所示。

图 5-28　FTP 站点管理器界面

图 5-29　新建 FTP 站点

10）打开"FTP 站点创建向导"对话框，单击"下一步"按钮，如图 5-30 所示。

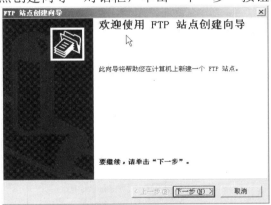

图 5-30　"FTP 站点创建向导"对话框

11）打开"FTP 站点创建向导—FTP 站点描述"对话框，在"描述"文本框中输入"ftp 站点"，并单击"下一步"按钮，如图 5-31 所示。

12）打开"FTP 站点创建向导—IP 地址和端口设置"对话框，为网站指定 IP 地址和端口，此处选择 IP 地址为 192.168.198.130，使用默认的端口 21，单击"下一步"按钮，如图 5-32 所示。

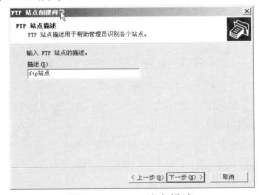

图 5-31　FTP 站点描述

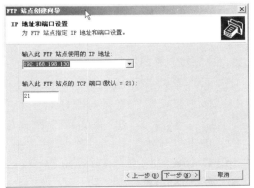

图 5-32　FTP 站点 IP 地址和端口设置

13）打开"FTP 站点创建向导—FTP 用户隔离"对话框，其中有 3 个选项。此处勾选"不隔离用户"单选按钮，单击"下一步"按钮，如图 5-33 所示。

14）我们先在 C 盘建立一个名为"FTP 站点"的文件夹，作为 FTP 文件存放的主目录，如图 5-34 所示。

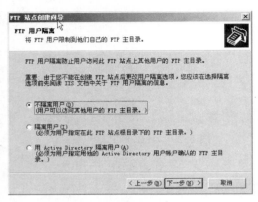

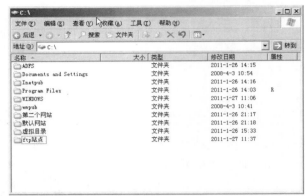

图 5-33　FTP 用户隔离选择　　　　　　　　图 5-34　为 FTP 站点创建文件夹

15）打开"FTP 站点创建向导—FTP 站点主目录"对话框，指定 FTP 主目录路径，此处在"路径"文本框中输入上一步创建的文件夹的路径"C:\ftp 站点"，单击"下一步"按钮，如图 5-35 所示。

16）打开"FTP 站点创建向导—FTP 站点访问权限"对话框，需要指定用户对 FTP 站点的访问权限。此处就按默认设置，勾选"读取"复选框，只允许读取权限（如果需要用户上传文件，需要允许写入权限）。单击"下一步"按钮，如图 5-36 所示。

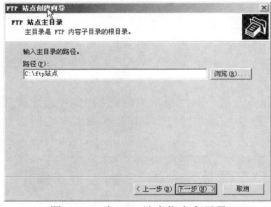
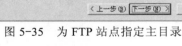

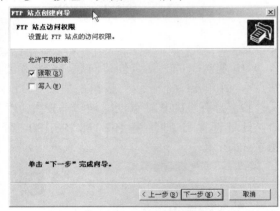

图 5-35　为 FTP 站点指定主目录　　　　　　图 5-36　为 FTP 站点指定访问权限

17）最后单击"完成"按钮，即可完成 FTP 站点的创建，如图 5-37 所示。

18）接下来，我们需要对刚建立完成的 FTP 站点进行测试。首先，在 C:\ ftp 站点的文件夹下建立一个名为"ftp 测试.txt"的文档，如图 5-38 所示。

19）单击"开始"→"运行"，在"打开"文本框中输入 cmd，在打开的窗口界面中输入"ftp 192.168.198.130"，再以 anonymous 匿名登录，密码为空，如图 5-39 所示。

20）在 ftp>后输入 dir，可以看到 FTP 服务器上供查阅和下载的文件，如图 5-40 所示。

21）在 ftp>后输入 get ftp 测试.txt，用 get 命令下载该文件"FTP 测试.txt"，如图 5-41 所示。

22）同时还可以在 C 盘根目录下看到"ftp 测试.txt"文件，如图 5-42 所示。

23）另一种连接 FTP 服务器的方法是：打开 IE 浏览器并在地址栏内输入"ftp://192.168.198.130"，可以下载文件和上传，如图 5-43 所示。

图 5-37　完成 FTP 站点的创建

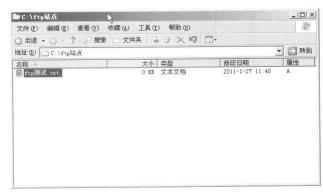

图 5-38　建立"ftp 测试.txt"文档

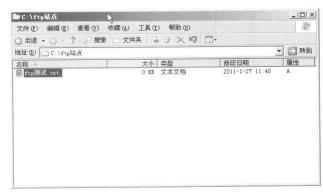

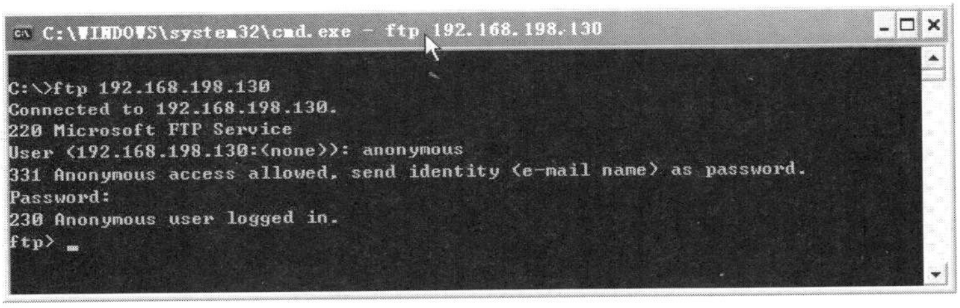

图 5-39　登录 FTP 站点

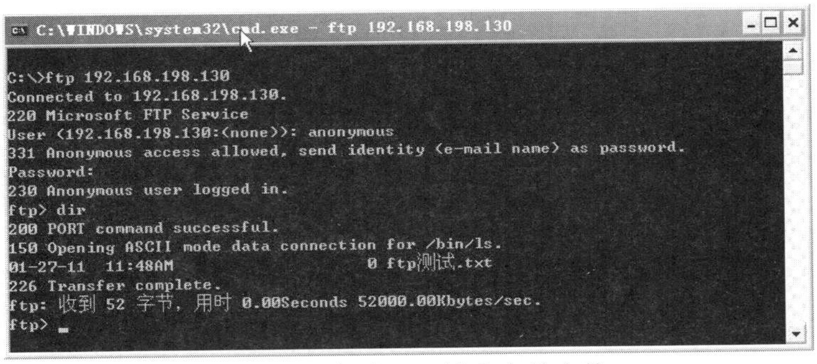

图 5-40　查看 FTP 站点上的文件

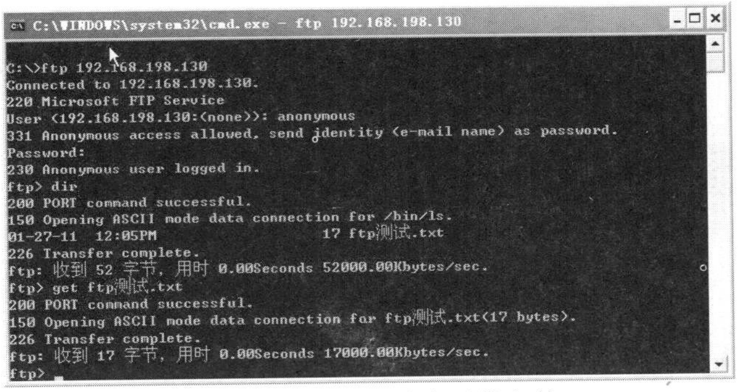

图 5-41　从 FTP 站点下载文件

图 5-42　从 FTP 站点下载的文件

图 5-43　使用 IE 浏览器访问 FTP 站点

（2）在操作系统为 Windows Server 2003 的计算机上，配置 FTP 虚拟目录服务

1）FTP 服务器的一个重要功能就是创建虚拟目录。现在我们要做的就是在刚创建好的 FTP 站点上创建一个虚拟目录。打开"Internet 信息服务（IIS）管理器"窗口，选中新创建的 FTP 站点，单击"操作"选项卡，选择新建→虚拟目录，如图 5-44 所示。

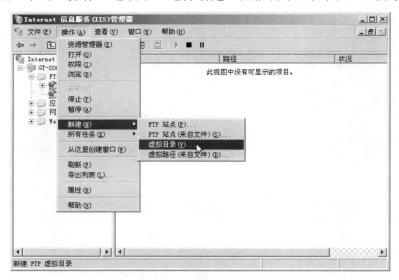

图 5-44　创建虚拟目录

2）打开"虚拟目录创建向导"对话框，单击"下一步"按钮，如图 5-45 所示。

3）打开"虚拟目录创建向导—虚拟目录别名"对话框，在"别名"文本框中输入"ftp"，单击"下一步"按钮，如图 5-46 所示。

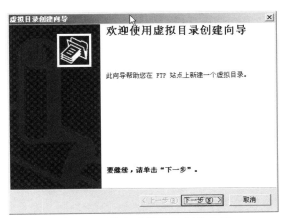

图 5-45 进入虚拟目录创建向导

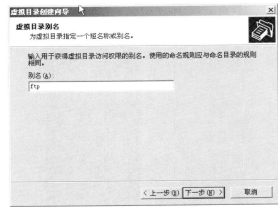

图 5-46 输入虚拟目录别名

4）在 C：盘根目录下创建一个名为 ftp2 的文件夹，作为虚拟目录的主目录，如图 5-47 所示。

5）打开"虚拟目录创建向导—FTP 站点内容目录"对话框，指定虚拟目录的主目录和路径，此处输入上一步创建的文件夹的路径 c:\ftp2，单击"下一步"按钮，如图 5-48 所示。

6）打开"虚拟目录创建向导—虚拟目录访问权限"对话框，设置用户对虚拟目录的访问权限，我们同样只允许读取权限，勾选"读取"复选框（如果需要用户上传文件，需要允许写入权限），单击"下一步"按钮，如图 5-49 所示。

图 5-47 建立虚拟目录主目录

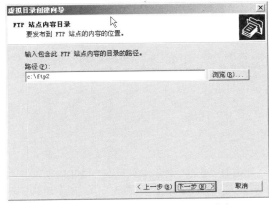

图 5-48 输入虚拟目录主目录路径

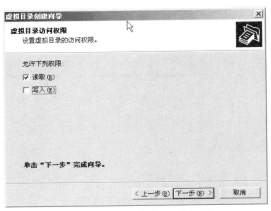

图 5-49 设置虚拟目录权限

7）单击"完成"按钮即可完成虚拟目录的创建，如图 5-50 所示。

图 5-50　完成虚拟目录的创建

8）在 C:\ftp2 的文件夹下建立一个名为"虚拟目录.txt"的文件，如图 5-51 所示。

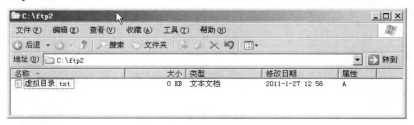

图 5-51　建立"虚拟目录.txt"文件

9）在客户机上打开 IE 浏览器并在地址栏内输入"ftp://192.168.198.130/ftp"可以下载文件，如图 5-52 所示。

图 5-52　访问虚拟目录

结果验证

1）对刚建立完成的 FTP 站点进行测试：打开"运行"对话框，在文本命令行内输入"ftp 192.168.198.130"，再以 anonymous 匿名登录，密码为空。在 ftp 上输入 dir 命令可以看到 FTP 服务器上供查阅和下载的文件。用 get 命令下载该文件"ftp 测试.txt"。

此时可以在 C:盘根目录下看到该文件。另一种连接 FTP 服务器的方法是打开 IE 浏览器，在地址栏内输入 "ftp://192.168.198.130"，可以下载或上传文件。

2）我们不能把所有的上传或下载的文件都存放在同一个目录中，这样不便于管理。因此需要建立虚拟目录，将文件分门别类地进行管理。在创建好一个别名为 ftp 的虚拟目录之后，我们在客户机上打开 IE 浏览器并在地址栏内输入 "ftp://192.168.198.130/ftp" 即可下载文件。

注意事项

1）使用 Windows Server 2003 架设的 FTP 站点，在其默认条件下是允许任何用户进行匿名访问的，能对 FTP 站点的主目录进行随意 "读取"，如此一来保存在 FTP 站点中的内容就没有安全性了。所以，FTP 服务搭建完成一定要做进一步的安全设置。

2）如果服务器安装了防火墙，请记住要在防火墙上打开 FTP 端口（默认是 21），不然服务器不能启动。

实训报告

请参见配套的电子教学资源包，并填写其中的实训报告。

任务 3　配置 DNS

DNS 是域名系统的简称，它是一种采用客户/服务器机制，实现名称与 IP 地址转换的系统。Windows Server 2003 在一个以 TCP/IP 为主的网络环境中，DNS 是一个非常重要且常用的系统。其主要的功能就是将我们容易记忆的网址域名（Domain Name）与不容易记忆的 IP 地址作自动解析互换。本任务可对正在学习 Windows 操作及 DNS 配置的用户起到指导的作用。

任务需求

完成任务 1 之后，我们发现虽然在客户机的地址栏中输入 IP 地址即可打开网站，但是 IP 地址记起来不方便，能不能像其他网站一样也用域名访问，既看起来顺眼也方便记忆呢？

任务分析

在架设 Web 和 FTP 服务器之前，如果没有安装并配置 DNS 服务器为用户提供 DNS 服务，那么只能使用 IP 地址打开网站。我们想使用域名访问单位内部的 Web 网站和 FTP 服务器，只要在网络中安装域名服务器（DNS）设置需要的域名即可。

知识准备

1. DNS 定义

DNS（Domain Name System，域名系统）是由解析器和域名服务器组成的。域名服务器是指保存有该网络中所有主机的域名和对应的 IP 地址，并具有将域名转换为 IP 地址功能的服务器。其中域名必须对应一个 IP 地址，而 IP 地址不一定有域名。域名系统采用类似目录树的等级结构。域名服务器为客户机/服务器模式中的服务器方，它主要有两种形式：主服务器和转发服务器。在 Internet 上域名与 IP 地址之间是一对一（或者多对一）的，域名虽然便于人们记忆，但机器之间只能互相认识 IP 地址，将域名映射为 IP 地址的过程就称为"域名解析"。域名解析需要由专门的域名解析服务器来完成，DNS 就是进行域名解析的服务器。DNS 命名用于Internet等TCP/IP网络中，通过用户友好的名称查找计算机和服务。当用户在应用程序中输入 DNS 名称时，DNS 服务就可以将此名称解析为与之相关的其他信息，如 IP 地址。其实，域名的最终指向是 IP。

2．DNS 服务器的主要作用

DNS 服务器的工作是将主机名连同域名转换为 IP 地址，该项功能对于实现网络连接至关重要。因为当网络上的一台客户机需要访问某台服务器上的资源时，客户机的用户只需在 IE 主窗口中的"地址"文本框中输入该服务器的地址（如 www.jlxx.com），即可与该服务器进行连接。然而，网络上的计算机之间实现连接却是通过每台计算机在网络中拥有的唯一的 IP 地址（该地址为数值地址，分为网络地址和主机地址两部分）来完成的，因为计算机硬件只能识别 IP 地址而不能够识别其他类型的地址。这样在用户容易记忆的地址和计算机能够识别的地址之间就必须有一个转换，DNS 服务器便充当了这个转换角色。

虽然所有连接到 Internet 上的网络系统都采用 DNS 地址解析方法，但是域名服务有一个缺点，就是所有存储在 DNS 数据库中的数据都是静态的，不能自动更新。这意味着，当有新主机添加到网络上时，管理员必须把主机 DNS 名称（如 www.jlxx.com）和对应的 IP 地址（如 192.168.198.130）也添加到数据库中，对于较大的网络系统来说这样做是很难的。

在创建与配置一台 DNS 服务器的过程中，用户首先需要做的工作便是为该服务器指定一台计算机来作为运行数据和解析网络地址的硬件设备。在 Windows Server 2003 系统下，通常将本机作为 DNS 服务器的硬件设备，因此，用户一般需要将本机 IP 地址或计算机名称指定给 DNS 服务器，这样 DNS 服务器会自动与指定的计算机硬件建立连接，并启用所需的设备完成数据运算和解析网络地址的工作。

设备环境

1）一台操作系统为 Windows Server 2003 的计算机。
2）Windows Server 2003 安装光盘。

任务描述

1）在操作系统为 Windows Server 2003 的计算机上安装 DNS 服务组件。
2）在操作系统为 Windows Server 2003 的计算机上配置 DNS 服务。

任务实施

（1）在操作系统为 Windows Server 2003 的计算机上安装 DNS 服务组件

1）单击"开始"→"控制面板"→"添加或删除程序"，如图 5-53 所示。打开"添加或删除程序"对话框。

2）单击"添加/删除 Windows 组件"图标，打开"Windows 组件向导"对话框，勾选"网络服务"复选框，然后单击"详细信息"按钮，如图 5-54 所示。

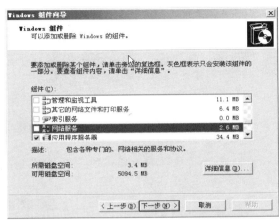

图 5-53　选择"添加或删除程序"选项　　　　图 5-54　"Windows 组件向导"对话框

3）在弹出的"网络服务"对话框中，可以看见安装的子组件，此处勾选"域名系统（DNS）"复选框，如图 5-55 所示。再单击"确定"按钮。

4）打开"Windows 组件向导—正在配置组件"对话框，进入域名系统（DNS）组件安装的过程，如图 5-56 所示。

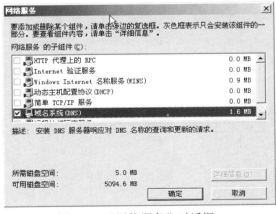

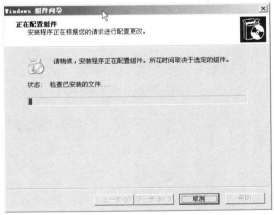

图 5-55　"网络服务"对话框　　　　　　图 5-56　配置域名系统组件

5）按照系统提示，插入 Windows Server 2003 的光盘或者指定的路径，单击"确定"按钮进入"完成 Windows 组件向导"对话框，再单击"完成"按钮，完成域名系统（DNS）组件的安装，如图 5-57 所示。

（2）在操作系统为 Windows Server 2003 的计算机上配置 DNS 服务

1）安装完域名系统（DNS）组件之后，选择"开始"→"所有程序"→"管理工具"→"DNS"，即可打开 DNS 服务器，如图 5-58 所示。

图 5-57　Windows 组件安装完成

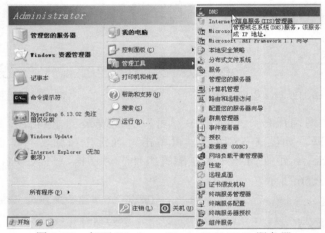

图 5-58　打开 Windows Server 2003 DNS 服务器

2）进入 DNS 服务器的界面，如图 5-59 所示。

图 5-59　Windows Server 2003 DNS 服务器的界面

3）在 DNS 服务器上配置 DNS 服务。选中服务器，单击"操作"选项卡，在其下拉菜单中选择"服务配置 DNS 服务器"选项，打开"配置 DNS 服务器向导"对话框，如图 5-60 所示。

4）在图 5-60 中，单击"下一步"按钮，打开"选择配置操作"对话框。在默认情况下勾选"创建正向查找区域（适合小型网络使用）"单选按钮，如图 5-61 所示。单击"下一步"按钮。

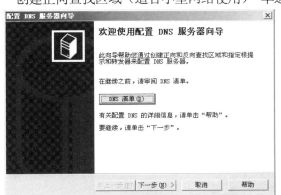

图 5-60 "配置 DNS 服务器向导"对话框

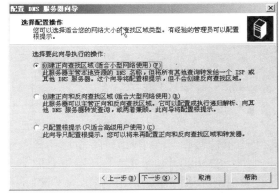

图 5-61   DNS 查找区域设置

5）打开"主服务器位置"对话框，如果所部署的 DNS 服务器是网络中的第一台 DNS 服务器，则勾选 "这台服务器维护该区域"单选按钮，将该 DNS 服务器作为主 DNS 服务器使用，如图 5-62 所示。单击"下一步"按钮。

6）打开"区域名称"对话框，在"区域名称"编辑框中输入一个能反映公司信息的区域名称（如"jlxx.com"），如图 5-63 所示。单击"下一步"按钮。

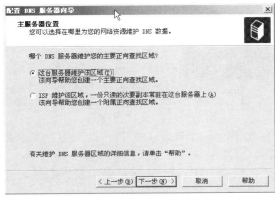

图 5-62   确定主 DNS 服务器的位置

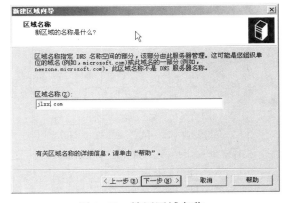

图 5-63   填写区域名称

7）打开"区域文件"对话框，此对话框中已经根据区域名称默认填入了一个文件名。该文件是一个 ASCII 文本文件，里面保存着该区域的信息，默认情况下保存在"Windows/system32/dns"文件夹中，如图 5-64 所示。保持默认值不变，并单击"下一步"按钮。

8）打开 "动态更新"对话框，指定该 DNS 区域能够接受的注册信息更新类型。由于允许动态更新可以让系统自动地在 DNS 中注册相关信息，在实际应用中比较有用，因此勾选"允许非安全和安全动态更新"单选按钮，如图 5-65 所示。单击"下一步"按钮。

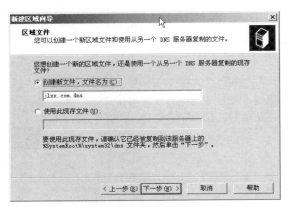

图 5-64 创建区域文件   图 5-65 选择允许动态更新

9）打开"转发器"对话框，勾选"是，应当将查询转发到有下列 IP 地址的 DNS 服务器上"单选按钮。在 IP 地址编辑框中输入 ISP（或上级 DNS 服务器）提供的 DNS 服务器 IP 地址 202.98.0.68，单击"下一步"按钮（通过配置"转发器"可以使内部用户在访问 Internet 上的站点时使用当地的 ISP 提供的 DNS 服务器进行域名解析），如图 5-66 所示。

10）打开"正在完成配置 DNS 服务器向导"对话框，单击"完成"按钮结束"jlxx.com"区域的创建过程和 DNS 服务器的安装配置过程，如图 5-67 所示。

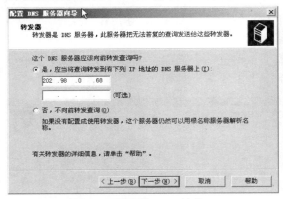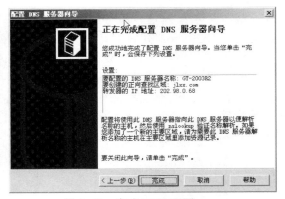

图 5-66 配置 DNS 转发   图 5-67 完成 DNS 配置

11）创建域名，依次单击"开始"→"所有程序"→"管理工具"→"DNS"菜单命令，如图 5-68 所示。打开"dnsmagt"控制台窗口。

12）在左窗格中展开"正向查找区域"目录，选择 jlkk.com 区域并单击鼠标右键，在其快捷菜单中选择"新建主机"命令，如图 5-69 所示。

13）打开"新建主机"对话框，在"名称"编辑框中输入一个能代表该主机所提供服务的名称（本例输入"www"）。在"IP 地址"编辑框中输入该主机的 IP 地址（如 192.168.198.130），单击"添加主机"按钮，如图 5-70 所示。很快就会提示已经成功创建了主机记录，最后单击"完成"按钮结束创建。

14）设置 DNS 客户端。尽管 DNS 服务器已经创建成功，并且创建了合适的域名，但是在客户机的浏览器中却无法使用"www.jlxx.com"这样的域名访问网站。这是因为虽然已经有了 DNS 服务器，但客户机并不知道 DNS 服务器在哪里，因此不能识别用户输入的域名。用户必须手动设置 DNS 服务器的 IP 地址才行。打开"Internet 协议（TCP/IP）属性"对话框，在"首选 DNS 服务器"编辑框中设置刚刚部署的 DNS 服务器的 IP 地址（本例为

"192.168.198.130"），如图 5-71 所示。

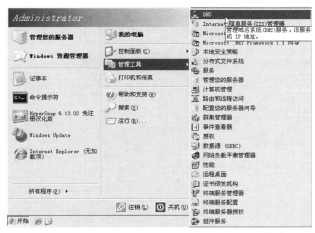

图 5-68　打开 Windows Server 2003 DNS 控制台

图 5-69　选择"新建主机"命令

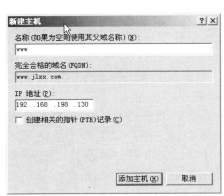

图 5-70　创建主机记录

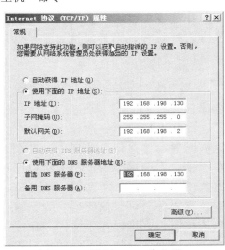

图 5-71　设置 DNS 客户端

15）下面我们来访问一下新创建的主机，在 IE 浏览器中输入 www.jlxx.com，并按 <Enter>键，如图 5-72 所示。

图 5-72　访问域名

结果验证

1）使用命令行 ping www.jlxx.com，如果返回服务器的地址 192.168.198.130，则说明 DNS 服务正常。

2）在客户机的 IE 地址栏中输入 www.jlxx.com 并按<Enter>键。如果能打开 Web 服务器的主页，即 DNS 服务设置成功。

注意事项

用户在完成了上面一些有关 DNS 服务器的创建工作后，还需要对 DNS 服务器的一些重要属性进行设置，因为属性设置是保证 DNS 服务器稳定、安全运行的必要条件。

1．设置"接口"选项卡

单击"开始"菜单，选择"所有程序"→"管理工具"→"DNS"命令，打开 DNS 控制台窗口。在 DNS 控制台窗口的左侧窗格中选定服务器 DNS-SERVER，单击"操作"选项卡，在其下拉菜单中选择"属性"命令，打开该服务器的"DNS-SERVER 属性"对话框，默认时显示"接口"选项卡，如图 5-73 所示。

在"接口"选项卡中，用户可以选择对 DNS 请求进行服务的 IP 地址。有两种服务器侦听方式供用户选择：所有 IP 地址和只在下列 IP 地址。如果用户勾选"所有 IP 地址"单选按钮，则服务器可以侦听所有为计算机定义的 IP 地址；如果用户勾选"只在下列 IP 地址"单选按钮，则可以在下面的"IP 地址"文本框中输入指定的 IP 地址，然后单击"添加"按钮将该地址添加到下面的指定地址列表框中即可。

2. 设置"日志"选项卡

在"DNS-SERVER 属性"对话框中单击"日志"选项卡，如图 5-74 所示，可以指定关心的事件写入日志文件。

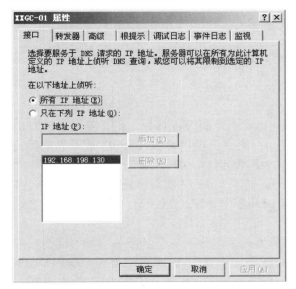

图 5-73　"接口"选项卡

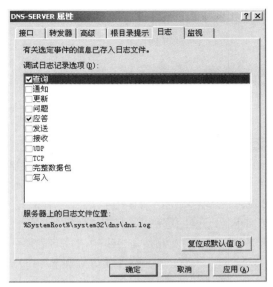

图 5-74　"日志"选项卡

实训报告

请参见本书配套的电子教学资源包，并填写其中的实训报告。

任务 4　配置 DHCP

DHCP 是指由服务器控制一段 IP 地址范围，客户机登录服务器时就可以自动获得服务器分配的 IP 地址和子网掩码。首先，DHCP 服务器是一台安装有 DHCP 服务组件程序的计算机系统；其次，担任 DHCP 服务器的计算机需要安装 TCP/IP，并为其设置静态 IP 地址、子网掩码、默认网关等内容。默认情况下，DHCP 作为 Windows Server 2003 的一个服务组件不会被系统自动安装，必须手动添加才能配置。

任务需求

在配置好 DNS、Web、FTP 服务器后，就基本完成了校园网络服务器的配置，然而随着笔记本电脑的普及，教师移动办公以及学生移动上网的现象越来越多，当计算机从一个网络移到另一个网络时，需要重新获取网络的 IP 地址和网关等信息，并对计算机进行设置。这样，客户端就要知道所有的网络部署情况，默认网关是多少等信息，不仅用户觉得繁琐，同时也为网络管理员规划网络分配 IP 地址带来了困难。如何解决这一问题呢？

如果要达到"用户无论处于网络中的什么位置，都不需要配置 IP 地址、默认网关等信息就能够上网"的目的，就需要在网络中部署 DHCP 服务器。如何配置 DHCP 服务器就是本任务所要完成的内容。

1. DHCP 概念

DHCP（Dynamic Host Configuration Protocol，动态主机分配协议）的前身是 BOOTP。BOOTP 原本是用于无磁盘主机连接的网络上的。网络主机使用 BOOT ROM 而不是磁盘启动并连接上网络，BOOTP 则可以自动地为那些主机设定 TCP/IP 环境。但 BOOTP 有一个缺点，即在设定前须事先获得客户端的硬件地址，而且，与 IP 的对应是静态的。换言之，BOOTP 非常缺乏"动态性"，若在有限的 IP 资源环境中，BOOTP 一对一的对应方式会造成非常可观的浪费。

DHCP 可以说是 BOOTP 的增强版本，它分为两个部分：一个是服务器端，而另一个是客户端。所有的 IP 网络设定数据都由 DHCP 服务器集中管理，并负责处理客户端的 DHCP 要求；而客户端则会使用从服务器分配下来的 IP 环境数据。比较起 BOOTP，DHCP 透过"租约"的概念，有效且动态地分配客户端的 TCP/IP 设定，并且，作为兼容考虑，DHCP 也完全照顾了 BOOTP Client 的需求。

2. DHCP 的分配形式

首先，必须至少有一台 DHCP 工作在网络上面，它会监听网络的 DHCP 请求，并与客户端协商 TCP/IP 的设定环境。它提供两种 IP 定位方式：

（1）Automatic Allocation

自动分配，其情形是：一旦 DHCP 客户端第一次成功地从 DHCP 服务器端租用到 IP 地址后，就永远使用这个地址。

（2）Dynamic Allocation

动态分配，当 DHCP 第一次从 DHCP 服务器端租用到 IP 地址后，并非永久地使用该地址，只要租约到期，客户端就要释放（release）这个 IP 地址，以给其他工作站使用。当然，客户端可以比其他主机更优先地更新（renew）租约，或是租用其他的 IP 地址。

动态分配显然比自动分配更加灵活，尤其是当实际的 IP 地址不足时，例如，你是一家 ISP，只能提供 200 个 IP 地址用来拨接给客户，但并不意味着你的客户最多只能有 200 个。因为你的客户不可能全部同一时间上网，除了他们各自的行为习惯不同，也有可能是电话线路的限制。这样，就可以将这 200 个地址，轮流地租用给拨接上来的客户使用了。这也是为什么当查看 IP 地址时，会因每次拨接而不同的原因（除非您申请的是一个固定 IP，通常的 ISP 都可以满足这样的要求，但要另外收费）。当然，ISP 不一定使用 DHCP 来分配地址，但这个概念和使用 IP Pool 的原理是一样的。

DHCP 除了能动态地设定 IP 地址之外，还可以将一些 IP 保留下来给一些特殊用途的机器使用，它可以按照硬件地址来固定地分配 IP 地址，这样可以给用户更大的设计空间。同时，DHCP 还可以帮助客户端指定 router、netmask、DNS Server、WINS Server 等项目，用户在客户端上除了勾选 DHCP 这个选项外，几乎无需做任何的 IP 环境设定。

设备环境

1）一台操作系统为 Windows Server 2003 的计算机。

2）Windows Server 2003 安装光盘。

任务描述

1）在操作系统为 Windows Server 2003 的计算机上安装动态主机配置协议（DHCP）服务组件。

2）在操作系统为 Windows Server 2003 的计算机上配置动态主机配置协议（DHCP）服务。

任务实施

（1）在操作系统为 Windows Server 2003 的计算机上安装动态主机配置协议（DHCP）服务组件

1）在"开始"菜单中选择"控制面板"→"添加或删除程序"，如图 5-75 所示。

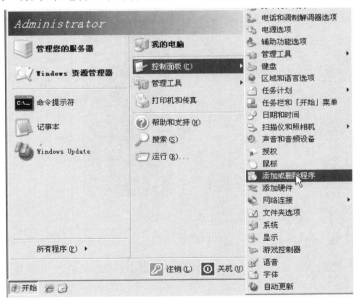

图 5-75　选择"添加或删除程序"选项

2）打开"添加或删除程序"对话框，单击"添加/删除 Windows 组件"图标，在弹出的"Windows 组件向导"对话框中勾选"网络服务"复选框，然后单击"详细信息"按钮，如图 5-76 所示。

3）在弹出的"网络服务"对话框中，可以看见安装的子组件，此处勾选"动态主机配置协议（DHCP）"复选框，如图 5-77 所示。单击"确定"按钮。

4）打开"正在配置组件"对话框，进入到动态主机配置协议（DHCP）组件安装的具体过程，如图 5-78 所示。

5）按照系统提示，插入 Windows Server 2003 的光盘或者指定的路径，单击"确定"按钮打开"完成 Windows 组件向导"对话框，再单击"完成"按钮，就完成了动态主机配置协议（DHCP）组件的安装，如图 5-79 所示。

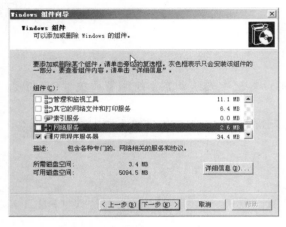

图 5-76　选择"网络服务"

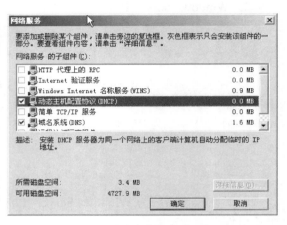

图 5-77　选择"动态主机配置协议（DHCP）"

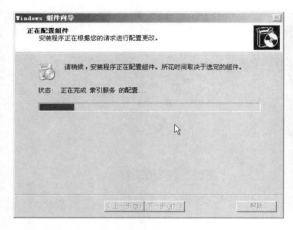

图 5-78　动态主机配置协议（DHCP）组件安装过程

图 5-79　动态主机配置协议（DHCP）组件安装完成

（2）在操作系统为 Windows Server 2003 的计算机上配置动态主机配置协议（DHCP）服务

1）安装完动态主机配置协议（DHCP）组件之后，选择"开始"→"所有程序"→"管理工具"→"DHCP"即可打开 DHCP 服务器，如图 5-80 所示。

2）进入 DHCP 服务器的界面，如图 5-81 所示。

3）选中 DHCP 服务器并单击"操作"选项卡，在其下拉菜单中选择"新建作用域"命令，如图 5-82 所示。

4）打开"新建作用域向导"对话框，如图 5-83 所示。单击"下一步"按钮。

5）打开"作用域名"对话框，输入作用域的名称和描述，如图 5-84 所示。单击"下一步"按钮。

6）打开"IP 地址范围"对话框，输入此作用域包含的 IP 地址范围和子网掩码，输入的起止 IP 地址必须为有效的 IP 地址，如图 5-85 所示。此作用域的 IP 地址范围不等于可以分配给 DHCP 客户端的 IP 地址范围，可以分配给 DHCP 客户端的地址范围等于作用域 IP 地址范围减去排除的 IP 地址范围。在创建作用域后，还可以修改起止 IP 地址范围，但是不能再修改子网掩码长度。再单击"下一步"按钮。

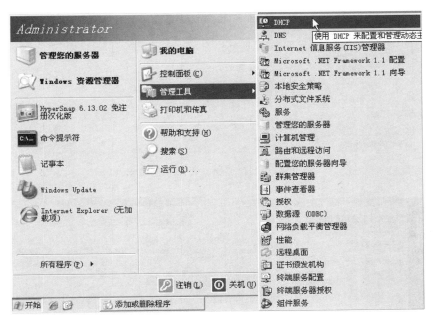

图 5-80　打开 Windows Server 2003 DHCP 服务器

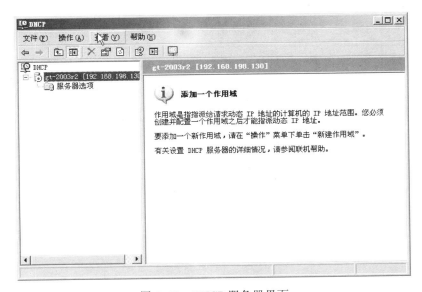

图 5-81　DHCP 服务器界面

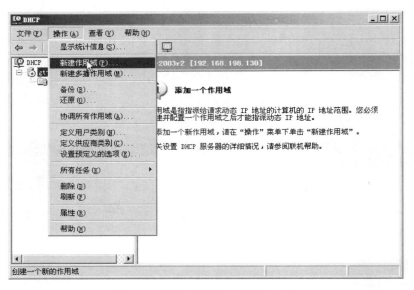

图 5-82　选择"新建作用域"命令

图 5-83　"新建作用域向导"对话框

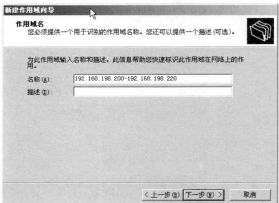

图 5-84　输入作用域名称

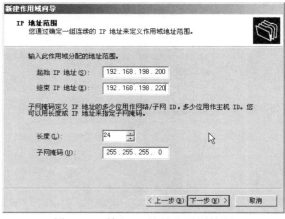

图 5-85　输入 IP 地址和子网掩码

7）打开"添加排除"对话框，输入想要从作用域 IP 地址范围中排除的 IP 地址范围，这些被排除的 IP 地址范围将不会分配给 DHCP 客户，如图 5-86 所示。单击"下一步"按钮。

8）打开"租约期限"对话框，输入想要设定的作用域租约期限。更短的租约期限有利于 IP 地址租约的回收，以便为其他客户服务，但是会导致网络中产生更多的 DHCP 流量。如果网络客户流动性较小，则可以设置相对较长的租约期限；如果网络客户流动性较强，则可以设置较短的租约期限。此处我们接受默认的设置 8 天，如图 5-87 所示。单击"下一步"按钮。

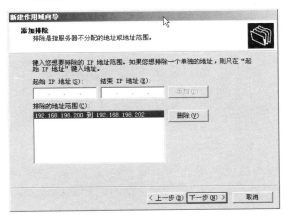 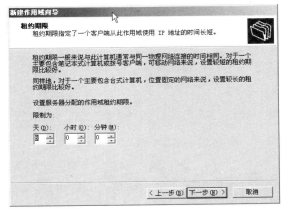

图 5-86　排除的 IP 地址范围　　　　　　　图 5-87　租约期限设置

9）打开"配置 DHCP 选项"对话框，选择是否需要现在配置 DHCP 作用域的几个基本选项（网关地址、DNS 服务器、WINS 服务器等）。如果不配置作用域，则向导不会自动激活此 DHCP 作用域，必须在创建作用域后手动配置作用域选项和激活此作用域。此处我们选择默认设置，即勾选"是，我想现在配置这些选项"单选按钮，如图 5-88 所示。单击"下一步"按钮。

10）打开"路由器（默认网关）"对话框，输入网关地址后单击"添加"按钮进行添加，如图 5-89 所示。单击"下一步"按钮。

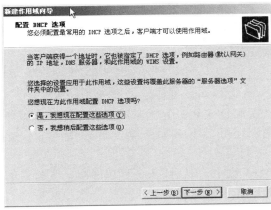

图 5-88　配置 DHCP 选项　　　　　　　　图 5-89　路由器（默认网关）设置

11）打开"域名称和 DNS 服务器"对话框，输入父域名称和 DNS 服务器的 IP 地址，如图 5-90 所示。单击"下一步"按钮。

12）打开"WINS 服务器"对话框，输入 WINS 服务器地址后单击"添加"按钮进行添加，如图 5-91 所示。单击"下一步"按钮。

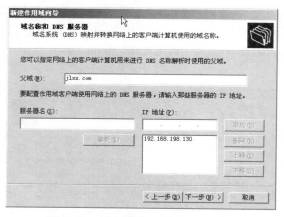

图 5-90　域名称和 DNS 服务器设置

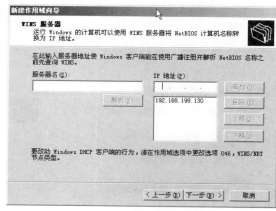

图 5-91　WINS 服务器页

13）打开"激活作用域"对话框，如果你想现在就启用此作用域则勾选"是，我想现在激活此作用域"单选按钮，否则可以以后手动激活此作用域。此处我们选择默认设置，如图 5-92 所示。单击"下一步"按钮。

14）打开"正在完成新建作用域向导"对话框，单击"完成"按钮，此时，新的作用域就创建好了，并且已经激活，可以为 DHCP 客户端提供服务了，如图 5-93 所示。

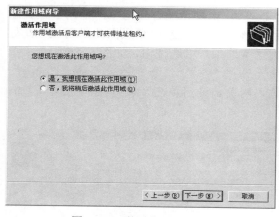

图 5-92　激活作用域设置

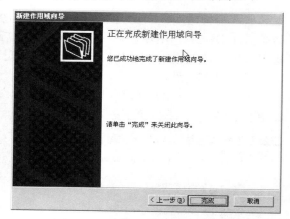

图 5-93　新建作用域向导创建完成

15）下面验证 DHCP 服务器是否正常工作。打开 DHCP 服务器窗口，单击 DHCP 服务器→作用域→地址租约，我们可以看到已经有用户在用 DHCP 服务器获取 IP 地址了。如图 5-94 所示。

16）通过使用保留，我们可以为某个特定 MAC 地址的 DHCP 客户端保留一个特定的 IP 地址，此时保留的 IP 地址将不会用于为其他 DHCP 客户端进行分配。每次当此特定的 DHCP 客户端向此 DHCP 服务器获取 IP 地址时，此 DHCP 服务器总是会将保留的 IP 地址分配给它。

创建保留后，被保留的 IP 地址无法修改，但是可以修改特定客户端的其他信息，例如

MAC 地址和名称；你只能为一个特定的 DHCP 客户端创建一个保留的 IP 地址。如果要更改当前客户端的保留 IP 地址，则必须删除客户端现有的保留地址，然后添加新的保留地址。保留只是为 DHCP 客户端计算机服务，在可能的情况下，应尽可能地考虑使用静态 IP 地址而不是使用保留。要在某个 DHCP 作用域中创建保留，可执行以下步骤：在 DHCP 服务器窗口中，展开对应的 DHCP 作用域，选择"保留"选项并单击鼠标右键，在弹出的快捷菜单中选择"新建保留"选项，如图 5-95 所示。

图 5-94 验证 DHCP 服务器

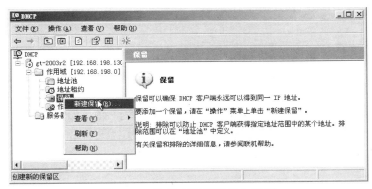

图 5-95 选择"新建保留"选项

17）打开"新建保留"对话框，输入保留名称、要进行保留的 IP 地址和特定 DHCP 客户端的 MAC 地址，然后单击"添加"按钮即可。（保留的 IP 地址创建后无法修改），如图 5-96 所示。

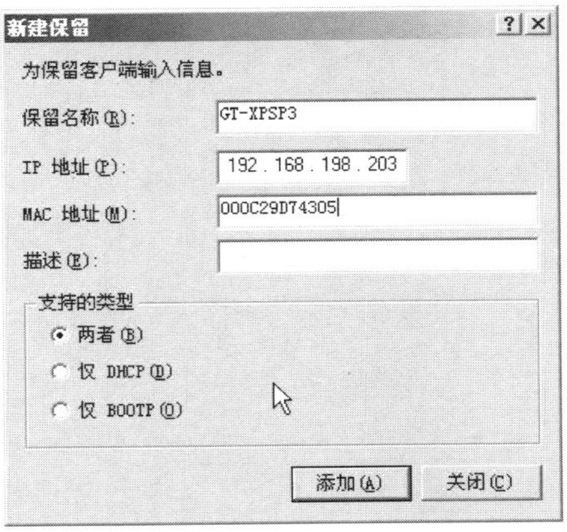

图 5-96 输入保留名称及地址

18）我们可以在"地址租约"中看到保留 IP 地址的活动情况，如图 5-97 所示。

图 5-97　保留 IP 地址的活动情况

结果验证

单击 DHCP 服务器→作用域→地址租约，我们可以看到已经有用户在 DHCP 服务器获取了 IP 地址，说明 DHCP 服务器工作正常，否则可能存在问题。

注意事项

1）多个具有相同 MAC 地址的 VLAN 接口通过中继以 DHCP 方式申请 IP 地址时，不能用 Windows Server 2003 作为 DHCP 服务器。

2）一个网络中同时开启多个 DHCP 服务器会发生冲突，如果网络中已经存在 DHCP 服务器，则不要再将其他 DHCP 服务器接入，如果确实需要应和网络管理员联系，在保证不影响现有网络运行的情况下开启服务。

实训报告

请参见本书配套的电子教学资源包，并填写其中的实训报告。

项目 6 初始配置交换机与管理

随着网络技术的高速发展，各行各业都在尽可能将业务流的处理过程使用网络和计算机来完成，在企事业单位越来越多的网络用户已经意识到内部网络流量速度的大幅提升。这些对网络基础建设也提出了更高的要求和挑战，如何在现有技术实施的前提下提升网络设备处理数据的效率越来越受到人们的关注。作为局域网主要连接设备的交换机成为应用普及最快的网络设备之一。随着交换技术的不断发展，交换机的价格已经非常低廉，千兆交换机逐渐普及、万兆骨干网成为流行趋势。交换机是搭建局域网络时不可或缺的集线设备，其主要功能就是连接各种网络设备和隔离网络中的广播。交换机在使用过程中，要进行配置和管理。下面就交换机如何配置和管理进行具体介绍。

学习目标

- 建立交换机的初始配置
- Telnet 方式管理交换机
- Web 方式管理交换机
- 交换机 enable 密码丢失的解决方案

任务 1 建立交换机的初始配置

任务需求

信息学校的基础网络实训室要接入校园网，从设备科调去了一台交换机，当老师按照拓扑图连接好设备后，无法访问校园网。询问了网络中心后才知道，这台交换机是刚买的，还没有进行配置。想要接入校园网，访问网络中心的服务器及共享资源，必须进行配置。如何才能按要求配置好交换机？

任务分析

用户购买到交换机设备后，需要对交换机进行配置，从而实现对网络的管理。按基础网络实训室的要求，可以先将交换机加电，按交换机的说明书或厂商的文档资料连接好设备，在满足信息学校网络功能要求的前提下，按照学校网络中心的整体拓扑条件配置网络。

1. 交换机的工作原理

从外形上看，交换机与集线器非常相似，但两者在工作原理上完全不同。集线器工作于 OSI 参考模型的物理层，各端口共享总线。利用集线器连接的网络从物理拓扑上看属于星形网络，但在工作原理上属于总线型网络。为此集线器基本上不需要任何配置就可以直接使用，而交换机需要进行相关的配置才能够发挥其应有的作用。交换机主要工作在 OSI 参考模型的数据链路层，它以帧作为数据转发的基本单位，是一种多端口的透明网桥。由于目前交换机的品牌繁多，而且不同品牌（包括相同品牌的不同型号）交换机的配置命令一般都不相同。另外，绝大多数交换机同时提供了带内和带外两种管理方式。其中，带外管理方式的功能一般要比带内管理方式强。为使学生在掌握相关知识的基础上，提高动手能力，在阐述相关的原理后，再具体介绍相关的操作过程和方法。

交换机是一个比较复杂的多端口透明网桥。在处理转发决策时，交换机和透明网桥是类似的，但是由于交换机采用了专门设计的集成电路，因此它能够以线路速率的方式在所有的端口并行转发信息，提供了比传统网桥高得多的操作性能。交换机作为 OSI 模型中链路层（第二层）设备，是基于一种 MAC（Media Access Control，介质访问控制）地址识别、完成数据的封闭和转发的网络设备。交换机的工作过程可以概括为"学习→记忆→接收→查找→转发"，通过广播方式"学习"网卡 MAC 地址，并将"MAC 地址-端口号"的对应关系创建一个地址表"记忆"在内存中。从源端口"接收"到数据后，在地址表中"查找"与目的地址相对应的端口，然后将数据帧"转发"到目的端口。

2. 带内管理和带外管理

若要让交换机发挥其应有的功能和效率，就要对其进行配置。交换机本身不能进行配置操作，必须借助于计算机才能实现，即配置交换机时必须把计算机和交换机连接在一起，在交换机上进行相应的初始化配置，使两者之间能够相互通信，这样才能对其进行一系列的配置和管理。

通常情况下，可以通过两种方法实现计算机与交换机之间的连接即通过 Console 端口直接连接（带外管理模式）和通过网络远程连接（带内管理模式）。所谓带内管理，是指网络的管理控制信息与用户网络的承载业务信息通过同一个逻辑信道传送，换言之，就是占用业务带宽；而在带外管理模式中，网络的管理控制信息与用户网络的承载业务信息在不同的逻辑信道传送，也就是设备提供专门用于管理的带宽。通过 Console 口管理是最常用的带外管理方式，通常用户会在首次配置交换机或者无法进行带内管理时使用带外管理方式。带外管理方式也是使用频率最高的管理方式。使用带外管理方式时，可以采用 Windows 操作系统自带的超级终端程序来连接交换机，当然，用户也可以采用自己熟悉的终端程序。

Console 端口：网络管理的交换机上都有一个 Console 端口（也叫配置口），用于对交换机进行初始配置和高级安全管理。通过 Console 端口连接并配置交换机，是配置和管理一台全新交换机必须经过的步骤。

Console 线：配置交换机时需要通过专门的 Console 线连接至计算机（通常称作终端）

的串行口。Console 线是一种两端均为 RJ45 接头的扁平线。但由于无法与计算机串口进行连接，因此，还必须同时使用一个 RJ45-to-DB9 的适配器。现在购买交换机时厂家会随机赠送一条一端带有 DB9 的 Console 线或相应的 DB9 的适配器。

设备环境

1．实验设备

1）二层交换机 1 台。

2）至少 1 台实验用计算机。

3）Console 电缆线 1 根。

2．实验拓扑（见图 6-1）

图 6-1　交换机与计算机连接

任务描述

将计算机的 Com 口和交换机的 Console 口用 Console 线连接起来，使用超级终端对交换机进行带外管理，对交换机命名，并设置管理地址和登录密码。

任务实施

（1）按照图 6-1 的要求完成计算机与交换机之间的连接

（2）登录交换机

要登录交换机，可通过一个终端仿真程序来实现，一般使用 Windows 操作系统自带的"超级终端"程序，也可以使用其他终端仿真程序来实现。下面简单介绍使用超级终端登录交换机的设置步骤。

1）在 Windows 操作系统中，单击"开始"选项，选择"所有程序"→"附件"→"通信"→"超级终端"命令（如果"通信"子菜单中没有"超级终端"，可以使用"控制面板→添加/删除 Windows 组件"进行安装），出现如图 6-2 所示的界面，输入一个连接名称（自定）并选取一个图标以后，单击"确定"按钮。

2）进入如图 6-3 所示的界面，第 1 行的"SY"是上一步中填入的"名称"，最后一行的"连接时使用"的默认设置是连接在"COM1"上（COM1 为计算机与交换机连接的串口），单击右侧的下拉箭头，在其下拉菜单中可选择其他端口（视连接情况而定），单击"确定"按钮，进入端口属性设置对话框。

图 6-2　超级终端界面　　　　　　　　图 6-3　超级终端端口选择界面

3）设置超级终端端口属性，如图 6-4 所示。在"COM1 属性"对话框中，单击右下方的"还原默认值"按钮，此时"每秒位数"为 9600，"数据位"为 8，"奇偶校验"为"无"，"停止位"为 1，"数据流控制"为"无"，单击"确定"按钮。

4）进入交换机配置命令行模式，如图 6-5 所示。

 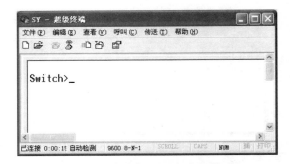

图 6-4　超级终端端口设置界面　　　　　图 6-5　交换机配置命令行模式

5）在图 6-5 中，输入命令 Show version，可以查看交换机的软硬件版本信息，如图 6-6 所示。

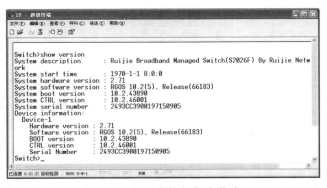

图 6-6　显示交换机版本信息

6）输入以下代码，可以查看当前配置，如图 6-7 所示。

Switch>enable　　　　(进入特权配置模式)

Switch#show runnng-config （查看配置命令）

图 6-7　查看当前配置

（3）交换机的配置模式及功能

通过前面的练习，我们可以成功地进入交换机的配置界面，这个配置界面称为 CLI（Command Line Interface，命令行界面），它和图形界面（GUI）相对应。它由操作系统（NOS）程序提供，并由一系列的配置命令组成，根据这些命令在配置管理交换机时所起的作用不同，操作系统将这些命令分类，不同类别的命令对应着不同的配置模式。

1）由"用户模式"进入"特权模式"。

Switch>enable	(进入"特权模式")
Password：	（输入密码）
Switch#	(已进入"特权模式")

通过超级终端进入交换机的控制界面，出现类似于"Switch>"提示符，表示已经进入到交换机控制台的"用户模式"。出于安全考虑，交换机操作系统将 EXEC 会话分为两个不同的访问级别：用户 EXEC 级别（即"用户模式"）和特权 EXEC 级别（即"特权模式"）。

在用户级别下，仅能使用有限的命令，如普通的 show 命令。在"用户模式"下，交换机显示"Switch>"提示符，其中的（>）表示此时交换机处于"用户模式"。在"用户模式"下，是不能对交换机进行配置的。

在"特权模式"下，可以使用交换机支持的所有命令，包括配置、管理和调试。在"特权模式"下，交换机显示"Switch#"提示符，其中（#）表示此时交换机处于"特权模式"。"特权模式"为用户提供了对交换机的详细配置方法。

2）进入"全局配置模式"。

Switch#configure terminal	(进入"全局配置"模式)
Switch（config）#	(已进入"全局配置"模式)

在交换机软件命令模式结构中使用了层次命令，每一种命令模式支持与设备类型操作相关的 IOS 命令，如常见的几种主要的配置模式，见表 6-1。

表 6-1　几种主要的配置模式

全局配置模式 Switch（config）#	（配置交换机的全局参数，如功能命令、主机名等）
端口配置模式 Switch（config-if）#	（对交换机的端口进行配置，如某个端口属于哪个 VLAN，启用及禁用端口等）
线路配置模式 Switch（config-line）	（对控制台访问、远程登录的会话进行配置）
VLAN 数据库配置模式 Switch（vlan）#	（对 VLAN 的参数进行配置）

3）配置交换机的名称。

Switch（config）#hostname SW-A　　（使用 hostname 命令将交换机的名称更改为"SW-A"）

SW-A(config)#　　　　　　　　　（显示：交换机的名称已更改为 SW-A）

4）配置交换机的管理地址。

SW-A(config)#interface vlan 1　　（进入交换机管理 VLAN 1 的端口配置模式）

SW-A(config-if)#　　　　　　　　（显示已进入端口配置模式）

SW-A(config-if)#ip address 192.168.2.1 255.255.255.0　　（将交换机管理 VLAN 1 的端口地址配置为 192.168.2.1，子网掩码为 255.255.255.0）

SW-A(config-if)#no shutdown　　（开启交换机的管理 VLAN 1 端口）

SW-A(config-if)#end　　　　　（退出端口配置模式，也可以使用 exit 命令逐层退出）

SW-A(config)#　　　　　　　　（当前状态为"特权模式"）

5）交换机密码设置。

① 配置开机密码。

SW-A(config)#line console 0

SW-A(config)#login

SW-A(config-line)#password sw　　　　　（设置开机的密码为 sw）

② 配置远程登录（Telnet）密码。

SW-A(config)#line vty 0 4

SW-A(config-line)#login

SW-A(config-line)#password sw

③ 配置特权模式（Enable Password）密码。

SW-A(config)#enable password sw　　　　（设置明文密码为 sw）

或

SW-A(config)#enable secret sw　　　　（设置加密密码为 sw）

④ 保存配置。在交换机上的配置参数需要保存在交换机上的存储器中，否则如果因为断电等原因重新启动交换机后，未保存的参数将会全部丢失。

SW-A(config)#write memory

或

SW-A(config)#Copy running-config starup-config

结果验证

在对交换机进行配置后，可以通过以下的方法进行验证。

1）重新启动交换机，输入开机密码 sw，验证开机密码的准确性。

2）设置计算机的 IP 地址。由于交换机的管理地址（VLAN 1 端口的地址）已配置为 192.168.2.1，所以计算机的 IP 地址应该设置在 192.168.2.2～192.168.2.254 之间，子网掩码为 255.255.255.0。

3）验证"特权模式"密码。在"用户模式"（SW-A>）下，输入 enable 命令，在"Password："后面输入已设置的进入"特权模式"的密码，按<Enter>键后将出现"SW-A#"提示符，说明已经进入了"特权模式"。

另外，还可以使用 show configure 命令查看当前交换机的配置情况。也可以使用 show

ip interface 或 show interface vlan 1 查看交换机的管理 IP 地址。

注意事项

1）特定的命令存在于特定的配置模式下。在进行配置时不仅仅需要输入正确的命令，还需要知道该命令是否在正确的配置模式下。

2）当你不知道该命令是否正确时，可以使用"？"来咨询交换机。也可以使用 show 命令查看各种模式状态下的命令。

实训报告

请参见本书配套的电子教学资源包，并填写其中的实训报告。

任务 2　Telnet 方式管理交换机

在任务 1 中，我们已经了解到，管理交换机有带内管理和带外两种管理 2 种方式。带外管理方式在任务 1 中已经详细介绍。本任务将介绍带内管理方式。所谓带内管理方式，即通过 Telnet 程序登录到交换机；或是通过 HTTP 访问交换机；或者通过厂商配备的网管软件对交换机进行配置管理。

提供带内管理方式可以使连接在交换机中的某些设备具有管理交换机的功能。当交换机的配置出现变更，导致带内管理失效时，必须使用带外管理对交换机进行配置管理。

任务需求

信息工程学校的综合楼距离网络中心比较远，交换机放在三楼的管理间内，发生网络故障时需要经常到管理间调试，十分不方便。是否有不需要到交换机管理间就可以调试网络故障的方法呢？这样既不用往返走路，也方便了网络管理。

任务分析

在实际工作中，交换设备不可能集中放在一处，比如在教学楼中，在每栋、每层都要配备交换设备，管理人员不可能每次都要跑到每个设备间去管理配置交换设备。为了能够远距离管理不同的交换机，在每一次配置完成后，可以通过带内管理的方式远距离配置交换机。

通过远距离管理方式完成交换机的配置能够大大提高工作效率，节省工作时间，Telnet 命令可以使管理人员通过远距离管理配置交换机，同时，由于 Telnet 命令除了不能节省带宽外，完全具有带外管理的一切功能，因此使用 Telnet 命令可以充分发挥管理人员对交换机的配置能力，达到应有的效果。

知识准备

Telnet 是一种远程访问协议，可以用它登录到远程计算机、网络设备或专用 TCP/IP 网络。Windows 98 及其以后的操作系统都内置有 Telnet 客户端程序，用于实现与远程交换机的通信。

通过 Telnet 方式管理交换机要做好以下准备工作：

1）在用于管理的计算机中安装有 TCP/IP，并配置好了 IP 地址信息。

2）在被管理的交换机上已经配置好 IP 地址信息，即交换机配置管理 VLAN IP（通常交换机默认 VLAN 1 的接口 IP 即成为整个交换机的管理地址）。如果还未配置 IP 地址信息，则必须通过 Console 端口进行设置。

3）保证作为 Telnet 客户端的主机 IP 地址与其所管理的交换机的 VLAN IP 地址要在相同的网段上。

在默认条件下，管理 VLAN 为 Default VLAN，也就是 VLAN 1。因此，交换机在没有任何 VLAN 设置时，Telnet 客户端与交换机的任何一个端口连接均可以登录到交换机。

设备环境

1. 实验设备

1）二层交换机 1 台。

2）至少 1 台实验用计算机。

3）Console 电缆线 1 根。

4）直连双绞线 1 根。

2. 实验拓扑（见图 6-8）

如图 6-8 所示为使用直连双绞线将 PC 与交换机的 F0/1（即 FastEthernet0/1，第一个快速以太网络端口）相连。另外，使用交换机自带的控制线连接交换机的 Console 端口和 PC 的 Com 端口。

图 6-8　带内管理交换机与计算机连接

任务描述

1）熟练掌握交换机 IP 地址的设置。

2）了解交换机 Telnet 授权用户的设置。

3）熟悉 Telnet 登录到交换机的配置界面。

任务实施

1）配置交换机 IP 地址。

给交换机设置 IP 地址也就是相当于给管理 VLAN 设置地址。

s29(config)# int vlan 1

s29(config-if)# ip add 192.168.222.15 255.255.255.0

　　　　　　　　（配置管理地址,假设管理 vlan 为 1，管理地址为 192.168.222.15）

s29(config-if)#no shut

s29(config-if)#exit

　2）交换机设置授权 Telnet 用户。

s29(config)# username　admin　password　SW　　（配置登录用户名和密码）

s29(config)# username　admin　privilege 15　　（给用户名 admin 赋予管理员权限）

　　如果没有配置授权用户，任何 Telnet 用户都无法进入交换机的 CLI 配置界面，当然在一些早期版本中也许可以，但现在的版本是不允许的。因此，在允许 Telnet 方式配置管理交换机时，必须在 CLI 的全局配置模式下进行配置，与设置交换机 IP 地址同理，不同厂商的交换机配置命令会有所不同。有些交换机在出厂设置的时候，已经存在一个管理用户"admin"，这个用户有时也可以作为 Telnet 的用户。

　　3）启动交换机 Telnet 服务。

　　在交换机中的配置模式下启动 Telnet 服务，使其能 Telnet 配置，如下：

s29(config)#enable service Telnet-server

　　4）设置交换机 Telnet 终端数及本地用户验证。

s29(config)# line vty 0 4

s29(config)#login local

　　5）配置主机（管理 PC）的 IP 地址，要与交换机的 IP 地址在一个网段。如交换机的 IP 地址为 192.168.222.15，则可以设置主机的 IP 地址为 192.168.222.10。若使用 ping 命令在主机上 ping 192.168.222.15，显示 ping 通，则可以执行 Telnet 命令，否则，需要检查原因。如图 6-9 所示。

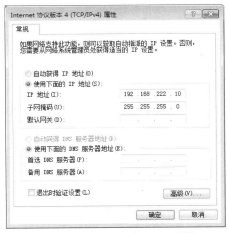

图 6-9　配置管理主机 IP 地址

　　6）在主机操作系统中运行 Telnet 客户端程序，并且指定 Telnet 的目的地址。如图 6-10 所示。

　　7）登录到 Telnet 的配置界面，输入正确的登录名和密码，否则，交换机将拒绝 Telnet 访问。该措施旨在保护交换机免受非授权用户的非法操作。在 Telnet 配置界面上输入正确的登录名和密码，Telnet 用户就可以成功地进入到交换机的 CLI 配置界面。如图 6-11 所示。

图 6-10　带内管理方式连接交换机 IP 地址

图 6-11　Telnet 连接成功

结果验证

1）验证交换机与主机是否连通，使用 ping 命令 ping 192.168.222.10，如果不通要进行连通性的检查，找出原因。

2）验证 Telnet 登录密码。首先在计算机上进入 DOS 提示符，并输入 Telnet 192.168.222.15 命令，这时将会出现如图 6-11 所示的登录界面，在"Password:"后面输入前面设置的远程登录的 Telnet 密码，回车将出现"SW-A>"的提示符，说明已经进入"用户模式"。

注意事项

使用 Telnet 远程配置交换机前，首先，要把配置前的三个准备工作做好；其次，要进行主机和交换机之间的连通性检查；最后，配置实验过程中要先使用带外管理对交换机进行 Telnet 的权限设置。

实训报告

请参见本书配套的电子教学资源包，并填写其中的实训报告。

任务 3　Web 方式管理交换机

交换机分为不可网管交换机（傻瓜交换机）和可网管交换机。不可网管交换机上的所有功能只要一接通电源即可实现，无需人工管理和干预。而对于可网管交换机而言，则可以通过一些更改交换机的配置等操作来实现网络管理，提高网络通信效率和安全，实现对交换机的远程监控与管理。现在大多数的交换机都是可网管的交换机，支持使用 Telnet 方式或 Web 方式对其进行集中管理和配置。

任务需求

信息学校网络中心新来的网络管理员对 Telnet 管理方式还不十分熟悉，有些命令还没完全掌握，而现在人员不够，也派不出其他人。如何能让这位新来的网管员不需要太多的培训就能掌握基本的对交换机管理的方法呢？有没有能对分布的交换机进行集中管理，与 Telnet 管理方式一样，既节省时间又提高工作效率的远程管理的方法？

任务分析

为适应工作环境和远程管理的需要，网络管理员都会对交换机进行 Web 方式的管理，不仅节省了开支、提高了效率，而且使管理更加直观、方便。当利用 Console 端口为交换机设置好 IP 地址信息并启用 HTTP 服务后，即可通过支持 Java 的 Web 浏览器访问交换机，同时可通过 Web 浏览器修改交换机的各种参数并对交换机进行管理。与 Telnet 单调的纯数字符界面相比，Web 的图形化界面无疑要友好得多，操作起来也更加得心应手。事实上，通过 Web 界面，可以对交换机的许多重要参数进行修改和设置，并可实时查看交换机的运行状态。

知识准备

对交换机进行简单的配置，其实就是对端口进行相应的配置，只有对交换机进行相应的配置后，才可以充分发挥其性能。通过 Web 方式配置交换机更加直观，并且在管理员"提交"配置前，修改不会生效，避免由于管理员误操作而导致的不必要的麻烦。

Web 管理方式也是带内管理的一种，在利用 Web 浏览器访问交换机之前，应确定已经做好以下准备工作：

1）交换机是否支持 HTTP 方式。有很多交换机并不具备 Web 管理界面，因此不支持 HTTP 管理，用户在使用这种方式之前，需要在产品手册中了解是否支持。

2）在用于管理的计算机中安装 TCP/IP，并且在用于管理的计算机和被管理的交换机上都已经配置好 IP 地址信息。

3）用于管理的计算机中安装有支持 Java 的 Web 浏览器，如 IE 5.0 及以上版本（IE 4.0 就已经支持了）、Netscape 4.0 及以上版本等。

4）在被管理的交换机上建立了拥有管理权限的用户账户和密码。

5）作为 Web 访问的计算机 IP 地址与交换机 IP 地址具有可连通性。

6）作为 Web 访问的计算机所在的 VLAN 属于管理 VLAN。

与 Telnet 用户登录交换机类似，只要计算机能够 ping 通交换机的 IP 地址，并且能输入正确的登录密码，该主机就可以通过 HTTP 访问交换机。

设备环境

1．实验设备

1）二层交换机 1 台。

2）至少 1 台实验用计算机。

3）Console 电缆线 1 根。

4）直连双绞线 1 根。

2．实验拓扑（见图 6-12）

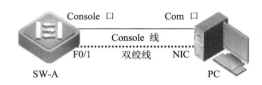

图 6-12　Web 管理方式交换机与计算机连接

如图 6-12 所示，使用直连双绞线将计算机与交换机的 F0/1（即 FastEthernet0/1，第一个快速以太网络端口）相连。另外，使用交换机自带的控制线连接交换机的 Console 端口和计算机的 Com 端口。

任务描述

1）熟练掌握交换机 IP 地址的设置。

2）掌握交换机 Web 授权用户的设置。

3）熟悉 Web 登录到交换机的方法及配置界面。

任务实施

1）配置交换机 IP 地址。给交换机设置 IP 地址也就是相当于给管理 VLAN 设置地址。

```
s29(config)# int vlan 1
s29(config-if-VLAN 1)# ip add 192.168.222.15 255.255.255.0
              （配置管理地址,假设管理 vlan 为 1，管理地址为 192.168.222.15）
s29(config-if-VLAN 1)#no shut
s29(config-if-VLAN 1)#exit
```

2）启动交换机 Web 服务。在交换机中的配置模式下启动 Web 服务，或者在交换机的全局配置模式下使用命令 ip http server 启动 HTTP，使其能 Web 配置，配置如下：

```
s29(config)#enable service web-server
```

3）设置授权 Web 用户。登录到 Web 的配置界面，需要输入正确的登录名和密码，否则交换机将拒绝该 HTTP 访问。该措施主要是为了保护交换机免受非授权用户的非法操作。

若交换机没有设置授权 Web 用户，则任何 Web 用户都无法进入交换机的 Web 配置界面。因此在允许 Web 方式配置管理交换机时，必须先为交换机设置 Web 授权用户和密码。例如，交换机的授权用户名为 admin，密码为明文 SW，可以使用命令 username。设置方式和登录方式如下：

```
s29(config)# username   admin   password   SW      （配置登录用户名和密码）
s29(config)# username   admin   privilege 15      （给用户名 admin 赋予管理员权限）
```

4）开启 http 本地认证方式。

```
s29(config)# ip http authentication local   （采用本地配置的用户名密码登录 Web）
s29(config)# ip http port   8080      （配置 Web 登录端口，默认为 80）
```

若不想采用本地用户名密码认证，则做如下配置：

```
s29(config)#no ip http authentication
或者 s29(config)# ip http authentication enable
```

5）配置管理计算机的 IP 地址 192.168.222.10（与交换机地址要在同一网段上），如图 6-13 所示。

6）在管理计算机上启动 Web 浏览器，在地址栏中输入交换机 IP 地址 192.168.222.15，进入登录界面。如图 6-14 所示。

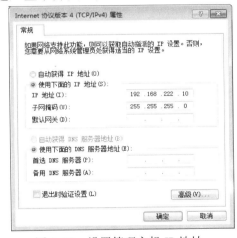

图 6-13　设置管理主机 IP 地址

图 6-14　登录交换机界面

7）单击"登录"按钮，打开"连接到 192.168.222.15"对话框，输入用户名和密码，如图 6-15 所示。

图 6-15　输入交换机用户名和密码

8）单击"确定"按钮，进入到交换机的 Web 配置主界面，如图 6-16 所示。

图 6-16　Web 方式配置交换机界面

结果验证

1）通过 ping 命令验证主机与交换机之间的连通性。

2）通过 HTTP 登录到 Web 主界面，验证用户名及密码的准确性。

注意事项

1）默认情况下，交换机所有端口都属于 VLAN 1，因此，我们通常把 VLAN 1 作为交换机的管理 VLAN，因此，VLAN 1 接口的 IP 地址就是交换机的管理地址。

2）交换机必须开通 HTTP 服务功能并设置用户。

3）交换机和计算机之间要互相连通，通过 ping 命令能 ping 通。

4）有时交换机的地址配置正确，主机配置也正确，但就是 ping 不通。排除硬件问题之后，可能的原因是计算机系统的防火墙没有关闭，关闭防火墙即可。

5）目前锐捷交换机支持 Web 管理的有 S23 系列，S26 系列，S27 系列，S29 系列，支持版本为 10.2（4）及以上版本。S27 默认的管理 IP 地址为 192.168.1.200，默认用户名为 admin，密码为 admin。其他锐捷交换机为了管理安全考虑暂时不支持 Web 管理。

实训报告

请参见本书配套的电子教学资源包，并填写其中的实训报告。

任务 4　解决交换机 enable 密码丢失的方法

交换机的密码有很多种，对于它们的设置需格外小心，任何一种密码的存在都是对交换机的保护。但因管理人员或实验人员的疏忽而忘记了管理密码就会给工作造成很多麻烦。

任务需求

在信息学校网络实验室课中，发现一台交换机设置过 enable 密码。配置交换机时提示 enable 密码错误。这是因为上一批的同学做完实验时有一个同学没有及时删除 enable 密码，而他们已做完实验并离开了实验室，因此就无法猜出密码，也不能找到上面做实验的同学，这时如何解决？

任务分析

在实验室由于个别学生设置了交换机的管理密码，下课时没有及时清除，或在单位，由于前任管理人员为交换机设置了 enable 密码，离职时没有告诉现任管理员或者没有及时问及，无法开展对设备的管理工作。此时我们需要对交换机进行密码清除。

知识准备

交换机密码的解决实际是对交换机中配置文件的修改，只要懂得了各种交换机的配置文件形式，就可以很容易地解决因密码问题造成的麻烦。此时，需学会使用 TFTP 程序为交换机重新配置系统文件。

设备环境

1. 实验设备

1）交换机 1 台。

2）至少 1 台实验用计算机。

3）Console 电缆线一根。

2. 实验拓扑（见图 6-17）

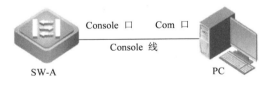

图 6-17　清除密码时交换机与计算机连接

任务描述

1）给交换机设置一个 enable 密码。

2）通过控制菜单清除。

3）修改 config.text 配置文件。

任务实施

先用超级终端设置好和交换机的连接，然后启动交换机；交换机加电的情况下，当出现提示 Press Ctrl+C to enter Ctrl Menu 时，3 秒钟内按住<Ctrl+C>键进入交换机 Ctrl 层的配置界面。

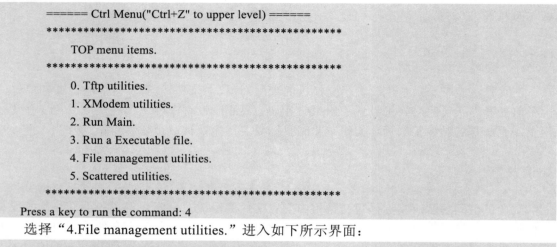

```
====== Ctrl Menu("Ctrl+Z" to upper level) ======
*************************************************
          TOP menu items.
*************************************************
     0. Tftp utilities.
     1. XModem utilities.
     2. Run Main.
     3. Run a Executable file.
     4. File management utilities.
     5. Scattered utilities.
*************************************************
Press a key to run the command: 4
```

选择"4.File management utilities."进入如下所示界面：

```
====== Ctrl Menu("Ctrl+Z" to upper level) ======
*************************************************
          File management utilities.
*************************************************
     0. List information about the files.
     1. Remove a file.
     2. Rename or Move a file.
     3. Format flash filesystem.
*************************************************
Press a key to run the command:
```

下面分两种情况进行讲解：

（1）不保留配置，重新配置交换机

选择"1.Remove a file."表示完全删除配置文件，选择"1"后会要求你输入需要删除的文件名，这里输入"config.text"，也就是删除交换机的配置文件，确认后交换机恢复默认无任何配置的状态，执行完这一步操作后按<Ctrl+Z>键进入上一级菜单，此时重启交换机再进入特权模式时也不需要密码了。

（2）保留原来的配置，只删除交换机的密码

这种方法是修改 config.text 配置文件中相关的密码，保留其他原来的配置。进行此操作以前首先要安装一个 TFTP 软件，因为安装过程非常简单，安装步骤就不再赘述。

如果在第一次配置完交换机后，设置了 enable secret 密码，并进行了 config.text 配置文档的备份，网络也一直运行稳定，但长时间没有对交换机进行过其他配置，而现在想对交换机进行配置又忘记密码的情况下，可以按下面的步骤进行处理：

　　1）按第一种方法删除交换机配置文件，操作按照"不保留配置，重新配置交换机"的步骤所述。此时我们已经将交换机重置，进入特权模式也不再要求输入密码。

　　2）从 TFTP 上把以前的配置文件下载下来进行修改，删除 config.text 中的一句话"enable secret 5 1yLhr$DEyv6E7ED599Du32"，也就是删除登录的特权密码，保证配置文件中除了密码以外其他配置都不变。

　　3）将修改后的 config.text 文件通过 TFTP 软件上传到交换机上，重新启动交换机，这时交换机上的 config.text 文件已经是从前做过配置的那个文件了，不过已经没有了 enable 密码，其他配置不变，此时就可以对交换机进行其他配置，出于安全考虑还是再配置一个 enable 密码比较稳妥。

结果验证

　　通过重启，验证密码是否存在。

注意事项

　　1）把交换机通过 Console 口连接到计算机的 Com 口，打开"超级终端"，在选择时钟频率时，注意交换机要选择"9600"。

　　2）删除配置文件 config.text。虽然可以清除 enable 等密码，但原来交换机的所有配置信息都会丢失。想要使交换机正常工作，必须重新对交换机进行配置。

　　3）切记在进行修改后在特权模式下用 copy runing-config starting-config，或用 write 命令进行配置保存，如果忘记做这些基本的操作，则前面所做的一切等于没做。

　　4）在实验和实际工作中，经常会因为交换机由于不同管理人员的变更而使交换机管理时因管理密码的未知而延误工作，致使实验或工作停止或延长，使单位受到不应有的损失，我们在管理交换机等设备密码时一定要养成良好的习惯，尽量不要出现上述情况。

实训报告

　　请参见本书配套的电子教学资源包，并填写其中的实训报告。

项目7　交换机的高级配置与管理

除了了解交换机的基本配置和管理，在工作和学习中，更多的是使用交换机。由于交换机本身具有安全防御、地址识别等特殊功能，因此我们可以充分利用这些功能使交换机发挥其应有的作用，为实际生活服务。

学习目标

- VLAN 的划分
- 不同交换机与 VLAN 间通信
- VLAN 间路由
- 静态路由与默认路由
- 链路聚合
- 端口镜像
- 端口和 MAC 地址绑定
- 交换机 MAC 与 IP 的绑定
- 访问控制列表 ACL 的配置

任务 1　划分 VLAN

交换技术的发展，加快了新的交换技术（VLAN）的应用速度。通过将企业网络划分为虚拟网络 VLAN 网段，可以强化网络管理和网络安全，控制不必要的数据广播。在共享网络中，一个物理的网段就是一个广播域。而在交换网络中，广播域可以是由一组任意选定的第二层网络地址（MAC 地址）组成的虚拟网段。这样，网络中工作组的划分可以突破共享网络中的地理位置限制，而完全根据管理功能来划分。这种基于工作流的分组模式，大大提高了网络规划和重组的管理功能。在同一个 VLAN 中的工作站，不论它们实际与哪个交换机连接，它们之间的通信就好像在独立的交换机上一样。同一个 VLAN 中的广播只有 VLAN 中的成员才能听到，而不会传输到其他的 VLAN 中去，这样可以很好地控制不必要的广播风暴的产生。同时，若没有路由，不同 VLAN 之间就不能相互通信，这也会提高企业网络中不同部门之间的安全性。网络管理员可以通过配置 VLAN 之间的路由来全面管理企业内部不同管理单元之间的信息互访。交换机是根据用户工作站的 MAC 地址来划分 VLAN 的。所以，用户可以自由地在企业网络中移动办公，不论在何处接入交换网络，都可以与 VLAN 内其他用户自如通信。

信息学校财务科和总务科的网络是通过一个交换机通信的，总务科小王喜欢玩游戏，计算机经常感染病毒，每次中毒后网络系统就不正常，对财务科的工作造成很大的影响。为了防止网络瘫痪和病毒扩散，有没有既不增加设备，又简单易行的方法？

任务分析

原来财务科和总务科的计算机在一台交换机上通信，交换机没划分 VLAN，所以两个科室的计算机相互间是共用一个网段，一旦网络中出现广播风暴，就会使网络出现故障。如果不增加设备则可以在这台交换机上划分两个 VLAN，将财务科和总务科的计算机分别连接到不同的 VALN 中，这样两个科室网络相对独立，彼此互不影响，同时也保障了财务数据的安全。

知识准备

1. 什么是 VLAN

VLAN（Virtual Local Area Network）的中文名为"虚拟局域网"。VLAN 是一种将局域网设备从逻辑上划分成一个个网段，从而实现虚拟工作组的新兴数据交换技术。这一新兴技术主要应用于交换机和路由器中，但主流应用还是在交换机中。但又不是所有交换机都具有此功能，只有 VLAN 协议的第三层以上交换机才具有此功能，这一点可以查看相应交换机的说明书即可得知。

2. 划分 VLAN 的作用

IEEE 于 1999 年颁布了用以标准化 VLAN 实现方案的 802.1Q 协议标准草案。VLAN 技术的出现，使得管理员根据实际应用需求，把同一物理局域网内的不同用户逻辑地划分成不同的广播域，每一个 VLAN 都包含一组有着相同需求的计算机工作站，与物理上形成的 LAN 有着相同的属性。由于它是从逻辑上划分，而不是从物理上划分，所以同一个 VLAN 内的各个工作站没有限制在同一个物理范围中，即这些工作站可以在不同物理 LAN 网段中。由 VLAN 的特点可知，一个 VLAN 内部的广播和单播流量都不会转发到其他 VLAN 中，从而有助于控制流量、减少设备投资、简化网络管理、提高网络的安全性。

VLAN 网络可以是由混合的网络类型设备组成的，比如，10M 以太网、100M 以太网、令牌网、FDDI、CDDI 等，也可以是工作站、服务器、集线器、网络上行主干等。

VLAN 除了能将网络划分为多个广播域，从而有效地控制广播风暴的发生，以及使网络的拓扑结构变得非常灵活的优点外，还可以用于控制网络中不同部门、不同站点之间的互相访问。

VLAN 是为解决以太网的广播问题和安全性而提出的一种协议，它在以太网帧的基础上增加了 VLAN 头，用 VLAN ID 把用户划分为更小的工作组，限制不同工作组间的用户互访，每个工作组就是一个虚拟局域网。虚拟局域网的好处是可以限制广播范围，并能够形成虚拟工作组，动态管理网络。

设备环境

1．实验设备

1）二层交换机 1 台。

2）至少 2 台实验用计算机。

3）Console 电缆线 1 根。

4）直连双绞线 2 根。

2．实验拓扑

假设该交换机提供了 16 个快速以太端口（分别为 F0/1～F0/16）。在该实验中分别创建 VLAN 100 和 VLAN 200 两个 VLAN，其中将端口 F0/1～F0/8 分配给 VLAN 100，而将端口 F0/9～F0/16 划分给 VLAN 200。实验时将 PC1 连在 F0/1 端口上，PC2 连在 F0/16 端口上。实验拓扑图如图 7-1 所示。

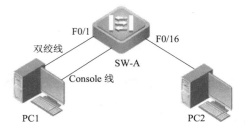

图 7-1　划分 VLAN 交换机与 PC 连接

3．配置表（见表 7-1）

表 7-1　划分 VLAN 交换机与 PC 连接配置表

名　　称	IP 地址	子网掩码	端口号	VLAN
PC1	192.168.1.1	255.255.255.0	F0/1	VLAN 100
PC2	192.168.1.2	255.255.255.0	F0/16	VLAN 200

任务描述

将交换机 SW-A 划分为 VLAN100 和 VLAN200，分别命名为 net100 和 net200。将端口 F0/1～F0/8 分配给 VLAN100、将端口 F0/9～F0/16 分配给 VLAN200，使两个不同 VLAN 的端口间二层通信隔离。

任务实施

1．实验前的测试

在对交换机未进行 VLAN 划分时，PC1 和 PC2 之间是可以通信的，如果使用 ping 命令测试，两台主机之间是可以 ping 通的。需要说明的是：这是由于在交换机中系统默认创建了一个

VLAN 1，同时将所有的端口都添加在 VLAN 1 中，所以任意端口之间是可以相互通信的。

2．创建 VLAN

Switch>enable	（进入"特权模式"）
Password:	（输入密码，如果没有设置 enable 密码则无此项）
Switch#	（已进入"特权模式"）
Switch#configure terminal	（进入"全局配置"模式）
Switch(config)#	（已进入"全局配置"模式）
Switch(config)#hostname SW-A	(将交换机的名称更改为 SW-A)
SW-A (config)#VLAN 100	（创建 VLAN 100）
SW-A (config- vlan)#	（已自动进入 VLAN 100 的配置模式)
SW-A (config- vlan)#name net100	（给 VLAN 100 命名为 net100）
SW-A (config- vlan)#exit	（退出 VLAN 100 配置模式）
SW-A (config)#VLAN 200	（创建 VLAN 200）
SW-A (config- vlan)#name net200	（给 VLAN 100 命名为 net200）
SW-A (config- vlan)#end	（退出配置命令，进入特权模式）

如果要删除已经创建的 VLAN，则可以在配置模式下输入 no vlan vlan-id 来完成。

SW-A (config)#no vlan 200	（删除 VLAN 200）

3．将交换机端口分配到 VLAN

第一步，将 f0/1~f0/8 添加到 VLAN 100 中。

SW-A#configure terminal	（进入"全局配置"模式）
SW-A (config)#interface fastethernet 0/1 或：interface f0/1   (进入 fastethernet 0/1 的端口配置模式)
SW-A (config-if-FastEthernet 0/1)#   （已进入 fastethernet 0/1 的端口配置模式）
SW-A (config-if-FastEthernet 0/1)#switchport   access   vlan 100
（将 fastethernet 0/1 端口添加到 VLAN 100 中）

重复以上命令，分别将 fastethernet 0/2～fastethernet 0/8 添加到 VLAN 100 中，也可以将上述命令简写为

SW-A (config)#interface fastethernet 0/2-8
SW-A (config-if-range)#switchport   access   vlan 100

第二步，将 f0/9~f0/16 添加到 VLAN 200 中。

SW-A#configure terminal   （进入"全局配置"模式）
SW-A (config)#interface fastethernet 0/9 或：interface f0/9 (进入 fastethernet 0/9 的端口配置模式)
SW-A (config-if-FastEthernet 0/9)#   (显示：已进入 fastethernet 0/9 的端口配置模式)
SW-A (config-if-FastEthernet 0/9)#switchport access vlan 200   (将 fastethernet 0/9 端口添加到 VLAN 200 中)

重复以上命令，分别将 fastethernet 0/10~ fastethernet 0/16 添加到 VLAN 200 中，也可以将上述命令简写为

SW-A (config)#interface fastethernet 0/10-16
SW-A (config-if-range)#switchport access vlan 200

4．保存设置

在进行了交换机的配置后，为了防止因断电等原因造成配置参数丢失的情况，可以通

过下面命令进行保存。

```
SW-A#write memory
或
SW-A#copy running-config startup-config
```

结果验证

1）将 PC1 和 PC2 同时连接到 VLAN 100 或 VLAN 200 所在的端口中，再利用 ping 命令进行测试，发现 PC1 和 PC2 之间是可以进行通信的。说明位于同一个 VLAN 上的不同端口之间是可以进行通信的。

2）将 PC1 接入 VLAN 100 所在的端口，再将 PC2 接入 VLAN 200 所在的端口。然后利用 ping 命令进行测试，发现 PC1 和 PC2 之间无法进行通信。说明位于不同 VLAN 之间的端口是无法直接进行通信的。

注意事项

1）这一实验是在交换机初始配置实验基础上完成的，如果交换机没有进行默认设置则可能对实验有不确定的影响。

2）在实验过程中，同一 VLAN 中的计算机必须处于同一网段，否则无法进行实验测试。

实训报告

请参见本书配套的电子教学资源包，并填写其中的实训报告。

任务 2　不同交换机与 VLAN 间通信

一个网络，哪怕是很小的局域网，也可能有端口受限的情况。在一个单位或一所学校，会有很多台计算机，会分为很多的部门，每一部门中的计算机数量和位置都不相同，若要彼此间相互通信，那么需要多台交换机的情况是很自然的事情。如何使多台交换机之间连接的相同部门的计算机进行通信，是本任务要解决的问题。本任务也是解决不同交换机间同一 VLAN 间如何通信的问题。

任务需求

信息学校财务科和总务科的网络通过划分 VLAN 后一直没有出现问题，由于学校总务工作比较多，最近总务科又增加了一些人员，学校也给他们配备了计算机，这样原来使用的那台交换机出现了端口不足的情况，此时需要再增加一台交换机，才能保证新增加的计算机连入网络。那么还按照原来的方案让两个科室依然处在两个 VLAN 中，能否实现？

任务分析

在同一台交换机中，不同端口之间的通信是利用交换机本身的背板交换来完成的。而不同交换机之间的通信，需要在交换机之间存在一个公用连接端口，当一台交换机将数据发给另一台交换机时，将通过该公用连接端口进行转发。此时如果两台交换机中都设置了相同的 VLAN，通过配置交换机间的链路，可以使用处于不同交换机的相同 VLAN 划分到一起工作。

知识准备

多交换机之间 VLAN 的实现主要是解决不同交换机级联端口之间的通信问题。当多台交换机进行级联时，应该把级联端口设置为标记（tag）端口，而将其他端口均设置为未标记（untag）端口。Tag 端口的功能相当于一个公共通道，它允许不同 VLAN 的数据都可以通过 tag 端口进行传输。

设备环境

1．实验设备

1）交换机 2 台以上。

2）2 台以上实验用计算机。

3）Console 电缆线 2 根。

4）直连双绞线 2 根。

5）交叉双绞线 1 根。

2．实验拓扑（见图 7-2）

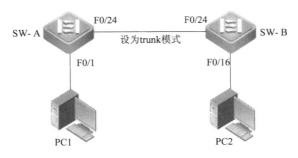

图 7-2　多交换机划分 VLAN

3．配置表（见表 7-2）

表 7-2　多交换机划分 VLAN 配置表

名　　称	IP 地址	子网掩码	端口号	VLAN
PC1	192.168.1.1	255.255.255.0	F0/1	VLAN 100
PC2	192.168.1.2	255.255.255.0	F0/16	VLAN 200
SW-A	192.168.1.11	255.255.255.0	F0/1- F0/8	VLAN 100
SW-B	192.168.1.12	255.255.255.0	F0/9- F0/16	VLAN 200

任务描述

　　分别将交换机 SW-A 和 SW-B 划分为 VLAN 100 和 VLAN 200,命名为 net100 和 net200。将各自端口 F0/1～F0/8 分配给 VLAN 100、将端口 F0/9～F0/16 分配给 VLAN 200,使得交换机 SW-A 和 SW-B 之间及本身 VLAN 100 的成员能够互相访问, VLAN 200 的成员能够互相访问, VLAN 100 和 VLAN 200 成员之间不能互相访问。要求 PC1、PC2 分别接在不同交换机 VLAN 100 的成员端口 1～8 上,两台 PC 互相可以 ping 通;PC1、PC2 分别接在不同交换机 VLAN 的成员端口 9～16 上,两台 PC 互相可以 ping 通;PC1 和 PC2 接在不同 VLAN 的成员端口上则互相 ping 不通。

任务实施

　　1)实验前的测试。首先对交换机恢复出厂设置,未进行 VLAN 划分时,因为交换机只有默认 VLAN 1 所以位于不同交换机上的 PC1 和 PC2 之间是可以进行通信的,如果使用 ping 命令测试,则两台主机之间是可以 ping 通的。

　　2)在 SwitchA 上创建 VLAN 100,并将 f0/1～f0/8 端口分配添加到 VLAN 100 中。

```
Switch>enable                              (进入"特权模式")
Password:                                  (输入密码)
Switch#                                    (已进入"特权模式")
Switch#configure terminal                  (进入"全局配置"模式)
Switch(config)#                            (已进入"全局配置"模式)
Switch(config)#hostname SW-A               (将交换机的名称更改为 SW-A)
SW-A (config)#VLAN 100                      (创建 VLAN 100)
SW-A (config- vlan)#                        (已自动进入 VLAN 100 的配置模式)
SW-A (config- vlan)#name net100            (给 VLAN 100 命名为 net100)
SW-A (config- vlan)#exit                    (退出 VLAN 100 配置模式)
SW-A (config)#interface fastethernet 0/1   或:interface f0/1 (进入 fastethernet 0/1 的端口配置模式)
SW-A (config-if-FastEthernet 0/1)#                    (已进入 fastethernet 0/1 的端口配置模式)
SW-A (config-if-FastEthernet 0/1)#switchport access vlan 100  (将 fastethernet 0/1 端口添加到
VLAN 100 中)
```

　　重复以上命令,分别将 fastethernet 0/2～fastethernet 0/8 添加到 VLAN 100 中。
　　也可将上述命令简写为

```
SW-A (config)#interface range fastethernet 0/2-8
SW-A (config-if-range)#switchport access vlan 100
```

　　3)在 SW-A 上创建 VLAN 200,并将 f0/9～f0/16 端口分配添加到 VLAN 200 中。

```
SW-A (config)#                             (已进入"全局配置"模式)
SW-A (config)#VLAN 200                      (创建 VLAN 200)
SW-A (config- vlan)#                        (已自动进入 VLAN 200 的配置模式)
SW-A (config- vlan)#name net200            (给 VLAN 200 命名为 net200)
SW-A (config- vlan)#exit                    (退出 VLAN 200 配置模式)
SW-A (config)#interface fastethernet 0/9   或:interface f0/9 (进入 fastethernet 0/9 的端口配置模式)
```

SW-A (config-if-FastEthernet 0/9)#　　　　（已进入 fastethernet 0/9 的端口配置模式）

SW-A (config-if)#switchport access vlan 200　（将 fastethernet 0/9 端口添加到 VLAN 200 中）

重复以上命令，分别将 fastethernet 0/10～fastethernet 0/16 添加到 VLAN 200 中，也可将上述命令简写为

SW-A (config)#interface range fastethernet 0/9-16

SW-A (config-if-range)#switchport access vlan 200

4）在 SW-A 上将用于与 SW-B 进行级联的端口 f0/24 设置为 tag 模式。

SW-A (config)#　　　　　　　　　　　　　（进入 SW-A "全局配置"模式）

SW-A (config)# interface fastethernet 0/24　（进入 fastethernet 0/24 的端口配置模式）

SW-A (config-if-FastEthernet 0/24) switchport mode trunk (将 fastethernet 0/24 端口配置为 tag 模式)

5）保存设置。在进行了交换机的配置后，为了防止断电等原因造成配置参数丢失的情况，可以通过下面命令进行保存。

SW-A #write memory

或

SW-A #copy running-config startup-config

6）在 SW-B 交换机上的配置与 SW-A 相同，可参照 SW-A，此处不再赘述。

7）给交换机设置管理 IP。

交换机 A：

SW-A(Config)#interface vlan 1

SW-A (Config-If-Vlan1)#ip address 192.168.1.11 255.255.255.0

SW-A Config-If-Vlan1)#no shutdown

SW-A (Config-If-Vlan1)#exit

SW-A (Config)#

交换机 B：

SW-B(Config)#interface vlan 1

SW-B (Config-If-Vlan1)#ip address 192.168.1.12 255.255.255.0

SW-B (Config-If-Vlan1)#no shutdown

SW-B (Config-If-Vlan1)#exit

SW-B Config)#

结果验证

1．验证配置

交换机 A：

```
SW-A #show vlan
VLAN Name          Type      Media    Ports
---- ----------- ---------- -------- ------------------------------------
1    default     Static     ENET     Ethernet0/17    Ethernet0/18
                                      Ethernet0/19    Ethernet0/20
                                      Ethernet0/21    Ethernet0/22
                                      Ethernet0/23

Ethernet0/0/24(T)
```

100	VLAN0100	Static	ENET	Ethernet0/1	Ethernet0/2
				Ethernet0/3	Ethernet0/4
				Ethernet0/5	Ethernet0/6
				Ethernet0/7	Ethernet0/8
				Ethernet0/24(T)	
200	VLAN0200	Static	ENET	Ethernet0/9	Ethernet0/10
				Ethernet0/11	Ethernet0/12
				Ethernet0/13	Ethernet0/14
				Ethernet0/15	Ethernet0/16
				Ethernet0/24(T)	

```
SW-A #
```

24 口已经出现在 VLAN1、VLAN 100 和 VLAN 200 中，并且 24 口不是一个普通端口，是 tagged 端口。

交换机 B：

配置同交换机 A，此处不重复说明。

2．验证实验

交换机 A　ping 交换机 B

```
SW-A#ping 192.168.1.12
Type ^c to abort.
Sending 5 56-byte ICMP Echos to 192.168.1.12, timeout is 2 seconds.
!!!!!
Success rate is 100 percent (5/5), round-trip min/avg/max = 1/1/1 ms
SW-A#
```

表明交换机之前的 trunk 链路已经成功建立。

按表 7-3 验证，PC1 接在交换机 A 上，PC2 接在交换机 B 上。

表 7-3　测试结果验证表

PC1 位置	PC2 位置	动　作	结　果
1-8 端口	17-24 端口	PC1 ping 交换机 B	不通
9-16 端口	17-24 端口	PC1 ping 交换机 B	不通
17-24 端口	17-24 端口	PC1 ping 交换机 B	通
1-8 端口	1-8 端口	PC1 ping PC2	通
1-8 端口	9-16 端口	PC1 ping PC2	不通

注意事项

1）取消一个 VLAN 可以使用"no vlan"。

2）取消 VLAN 的某个端口可以在 vlan 模式下使用"no switchport interface fastethernet 0/x"。

3）当使用"switchport trunk allowed vlan all"命令后，所有以后创建的 vlan 中都会自动添加 trunk 口为成员端口。

实训报告

请参见本书配套的电子教学资源包，并填写其中的实训报告。

任务 3　VLAN 间路由

在划分了 VLAN 后，位于同一 VLAN 内的不同端口之间是可以通信的，而不同 VLAN 的端口之间却无法直接通信，即系统默认不同 VLAN 之间是无法进行通信的。如果要实现不同 VLAN 之间的通信，需要路由器或三层交换机实现不同 VLAN 之间的数据转发。

任务需求

任务 2 中财务科和总务科通过两台交换机通信，为了防止病毒而设置了两个 VLAN，两个科室的计算机分别在两个 VLAN 中，虽然相互不再产生影响，但是它们之间却不能实现相互共享数据了，如何既能控制广播风暴又可以共享数据呢？

任务分析

为了隔离广播域而划分了 VLAN，但如果要实现不同的 VLAN 之间进行通信，或同一 VLAN 里的计算机能跨交换机通信，那么就需要在两个交换机中间建立中继，通过三层技术来实现 VLAN 之间的通信。为了能满足任务的需要，此处将原来的 SW-B 由二层交换机改成三层交换机。

知识准备

在交换网络中，通过 VLAN 对一个物理网络进行了逻辑划分，不同的 VLAN 之间是无法直接访问的，必须通过三层的路由设备进行连接，利用三层交换机来实现不同 VLAN 之间的互相访问。三层交换机和路由器具备网络层的功能，能够根据数据的 IP 包头信息，进行路由选择和转发，从而实现不同网段之间的访问。

三层交换机实现 VLAN 之间互相访问的原理是，利用三层交换机的路由功能，通过识别数据包的 IP 地址，查找路由表进行选路转发。三层交换机需要给接口配置 IP 地址，采用 SVI（交换虚拟接口）的方式实现 VLAN 间互连。SVI 是指为交换机中的 VLAN 创建虚拟接口，并且配置 IP 地址。需要配置直连路由，直连路由是指：为三层设备的接口配置 IP 地址，并且激活该端口，三层设备会自动产生该接口 IP 地址所在网段的直连路由信息。

设备环境

1．实验设备

1）二层交换机 1 台。
2）三层交换机 1 台。
3）实验用计算机 2 台。
4）直连双绞线 3 根。

2．实验拓扑（见图 7-3）

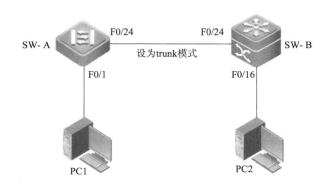

图 7-3　VLAN 间路由

3．配置表（见表 7-4）

表 7-4　VLAN 间路由配置表

名　　称	IP 地址	子网掩码	端口号	VLAN	网关
PC1	192.168.10.10	255.255.255.0	F0/1	VLAN 100	192.168.10.1
PC2	192.168.20.20	255.255.255.0	F0/16	VLAN 200	192.168.20.1

名　　称	Trunk 口	VLAN 100	VLAN 200
SW-A	F0/24	F0/1- F0/8	F0/9- F0/16
SW-B	F0/24	F0/1- F0/8	F0/9- F0/16

名　　称	VLAN1 地址	VLAN 100 地址	VLAN 200 地址
SW-A	192.168.1.11/24		
SW-B	192.168.1.12/24	192.168.10.1/24	192.168.20.1/24

任务描述

按任务 2 将 SW-A 和 SW-B 分别划分 VLAN，并添加相应的端口。将两台交换机的 F0/24 设置为 tag 模式，将三层交换机 SW-B 的 VLAN 100 和 VLAN 200 分别按配置表设置 IP 地址，使用连接在 VLAN 100 和 VLAN 200 的计算机可以通过三层交换机通信。

任务实施

1）实验前的测试。首先对交换恢复出厂设置，未进行 VLAN 划分时，因为交换机只有默认 VLAN 1 所以位于不同交换机上的 PC1 和 PC2 之间是可以进行通信的，如果使用 ping 命令测试，两台主机之间是可以 ping 通的。

2）在 SW-A 上创建 VLAN 100，并将 f0/1～f0/8 端口分配添加到 VLAN 100 中，操作方法与任务 2 的步骤相同。

3）在 SW-A 上创建 VLAN 200，并将 f0/9～f0/16 端口分配添加到 VLAN 200 中，操作方法与任务 2 的步骤相同。

4）在 SW-A 上将用于与 SW-B 进行级联的端口 f0/24 设置为 tag 模式。

```
SW-A (config)#                                （进入 SW-A "全局配置"模式）
SW-A (config)# interface fastethernet 0/24     （进入 fastethernet 0/24 的端口配置模式）
SW-A(config-if-FastEthernet 0/24) switchport mode trunk (将 fastethernet 0/24 端口配置为 tag 模式)
```

5）给交换机设置管理 IP。

```
SW-A(Config)#interface vlan 1
SW-A (Config-If-Vlan1)#ip address 192.168.1.11 255.255.255.0
SW-A Config-If-Vlan1)#no shutdown
SW-A (Config-If-Vlan1)#exit
SW-A (Config)#
```

6）保存设置。在进行了交换机的配置后，为了防止断电等原因造成配置参数丢失的情况，可以通过下面命令进行保存。

```
SW-A#write memory
或
SW-A#copy running-config startup-config
```

7）在 SW-B 上创建 VLAN 100，并将 f0/1～f0/8 端口分配添加到 VLAN 100 中，操作方法与任务 2 的步骤相同。

8）在 SW-B 上创建 VLAN 200，并将 f0/9～f0/16 端口分配添加到 VLAN 200 中，操作方法与任务 2 的步骤相同。

9）在 SW-B 上将用于与 SW-A 进行级联的端口 f0/24 设置为 tag 模式。

```
SW-B(config)#                                  （进入 SW-B "全局配置"模式）
SW-B(config)# interface fastethernet 0/24      （进入 fastethernet 0/24 的端口配置模式）
SW-B(config-if-FastEthernet 0/24) switchport mode trunk       （将 fastethernet 0/24 端口配置为 tag 模式)
```

10）设置 vlan1 的地址。

```
SW-B(Config)#interface vlan 1
SW-B (Config-If-Vlan1)#ip address 192.168.1.12 255.255.255.0
SW-B (Config-If-Vlan1)#no shutdown
SW-B (Config-If-Vlan1)#exit
SW-B Config)#
```

11）设置 vlan100 的地址。

```
SW-B(Config)#interface vlan 100
SW-B (Config-If-Vlan100)#ip address 192.168.10.1 255.255.255.0
SW-B (Config-If-Vlan100)#no shutdown
SW-B (Config-If-Vlan100)#exit
SW-B (Config)#
```

12）设置 vlan200 的地址。

```
SW-B(Config)#interface vlan 200
```

SW-B (Config-If-Vlan200)#ip address 192.168.20.1 255.255.255.0

SW-B (Config-If-Vlan200)#no shutdown

SW-B (Config-If-Vlan200)#exit

SW-B Config)#

13）保存设置。在进行了交换机的配置后，为了防止断电等原因造成配置参数丢失的情况，可以通过下面命令进行保存。

SW-B#write memory

或

SW-B#copy running-config startup-config

结果验证

通过以上的配置，将凡是接入 VLAN 100 的主机 IP 地址设置为 192.168.10.2～192.168.10.254，子网掩码设置为 255.255.255.0，网关设置为 192.168.10.1；将凡是接入 VLAN 200 的主机 IP 地址设置为 192.168.20.1～192.168.20.254，子网掩码设置为 255.255.255.0，网关设置为 192.168.20.1。此时两个网段之间可以正常通信。

注意事项

1）在设置过程中，必须在各交换机中创立 VLAN，必须配置虚拟端口 tag 模式，在三层交换中必须启动路由功能。

2）测试所使用的计算机必须设置网关，网关地址为所接入的 VLAN 地址。

实训报告

请参照附录填写随书光盘中的实训报告

任务4　静态路由与默认路由

交换机路由主要用于实现核心交换机之间、汇聚交换机与核心交换机之间，以及核心交换机与边缘路由器之间的路由，因此，交换机的路由配置无需特别复杂，甚至在一些中小型网络中直接采用静态路由协议即可。即使是在多核心的大中型网络中，也大多只简单地采用 EIGRP。本任务主要讲解在有多个网段和子网的情况下，如何使各子网间互相通信，实现网络互通功能。

任务需求

信息学校财务科和总务科通过上次的网络改造，彼此之间可以相互共享数据了，网络运行一直很稳定。最近由于市固定资产统一网络化管理，所以网络中心为方便财务科和总务科统一管理账目，单独设立了一台服务器，服务器连接在中心机房的一台三层交换机上，如何在不影响原来两科室网络应用的前提条件下，让两科室都能使用服务器。

任务分析

总务科和财务科现有的网络运行很稳定，而且两科室有一些网络数据是相互关联的，经常要共享数据、结算报账等，为了安全考虑，暂时不把服务器接入校园网，直接从两科室的网络连接到中心机房的三层交换机上，在三层交换机上配置静态路由和默认路由来完成任务。

知识准备

1．路由的形式

VLAN 之间是无法直接通信的，要使 VLAN 之间通信必须借助于第三层交换机。因此，VLAN 创建完成后，必须配置三层 VLAN 端口，才能使 VLAN 之间的通信成为可能。

若不借助三层交换机或其他路由设备，不同 VLAN 内的主机将无法相互通信。三层交换机可以通过以下 3 种方式进行路由：

1）使用默认路由。

2）使用预先设置的静态路由。

3）使用动态路由协议生成的路由。

2．静态路由和默认路由

静态路由是指由网络管理员手工配置的路由信息。静态路由很可靠并且使用很少的带宽，但是它不能自动响应网络中的变化，所以可能会导致目的地不可达。当网络的拓扑结构或链路的状态发生变化时，网络管理员需要手工去修改路由表中相关的静态路由信息。静态路由信息在默认情况下是私有的，不会传递给其他的路由器。当然，网管员也可以通过对路由器进行设置使之成为共享的。静态路由一般适用于比较简单的网络环境，在这样的环境中，网络管理员易于清楚地了解网络的拓扑结构，便于设置正确的路由信息。配置格式如下：

Ip route [目的地址] [子网掩码][网络出口/下一跳地址]

通过静态路由和动态路由无法寻径的 IP 报文发送到默认接口，这就需要默认路由。默认路由（Default route）是对 IP 数据包中的目的地址找不到存在的其他路由时，路由器所选择的路由。目的地不在路由器的路由表里的所有数据包都会使用默认路由。默认路由一般会指向另一个路由器。当路由器处理数据包时，如果知道应该怎么路由这个数据包，则数据包会被转发到已知的路由；否则，数据包会被转发到默认路由，从而到达另一个路由器。

默认路由和静态路由的命令格式一样。只是把目的地 IP 和子网掩码改成了 0.0.0.0 和 0.0.0.0。

设备环境

1．实验设备

1）二层交换机 1 台。

2）三层交换机 2 台。

3）3 台以上计算机。

4）直连双绞线 5 根。

2．拓扑结构（见图 7-4）

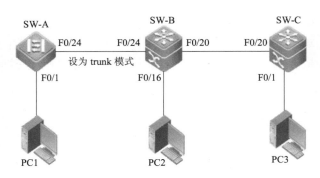

图 7-4　交换机静态路由与默认路由

3．配置表（见表 7-5）

表 7-5　交换机静态路由与默认路由配置表

名　称	IP 地址	子网掩码	端口号	VLAN	网关
PC1	192.168.10.10	255.255.255.0	F0/1	VLAN 100	192.168.10.1
PC2	192.168.20.20	255.255.255.0	F0/16	VLAN 200	192.168.20.1
PC3	172.16.1.2	255.255.255.0	F0/1	VLAN 1	172.16.1.1

名　称	Trunk 口	VLAN 100	VLAN 200
SW-A	F0/24	F0/1- F0/8	F0/9- F0/16
SW-B	F0/24	F0/1- F0/8	F0/9- F0/16

名　称	VLAN 1 地址	VLAN 100 地址	VLAN 200 地址	F0/20 地址
SW-A	192.168.1.11/24			
SW-B	192.168.1.12/24	192.168.10.1/24	192.168.20.1/24	172.31.2.1/24
SW-C	172.16.1.1/24			172.31.2.2/24

任务描述

　　SW-A 和 SW-B 按任务 3 中的配置不变，将 SW-B 的 F0/20 端口转换为三层口，设置 IP 地址 172.31.2.1/24，设置静态路由。将 SW-C 的 F0/20 端口转换为三层口，设置 IP 地址 172.31.2.2/24，设置默认路由，使 SW-A 和 SW-B 所连接的 PC 机能访问 SW-C 上连接的服务器。

任务实施

　　1）所有任务 3 中 SW-A 和 SW-B 的配置不变，配置方法和步骤与任务 3 相同。

　　2）设置 SW-B 的 F0/20 三层接口地址。

```
SW-B>enable
SW-B #configure terminal
SW-B ( config)#interface f0/20
SW-B (config-if-FastEthernet 0/20)#no switchport
SW-B (config-if-FastEthernet 0/20)#
SW-B (config-if-FastEthernet 0/20)#ip address 172.31.2.1 255.255.255.0
SW-B (config-if-FastEthernet 0/20)#no shutdown
SW-B(config-if-FastEthernet 0/20)#exit
```

3）设置到 SW-C 的静态路由。

```
SW-B (config)# ip route 172.16.1.0 255.255.255.0 172.31.2.2
SW-B (config)#exit
SW-B #
```

4）设置 SW-C 的 F0/20 三层接口地址。

```
Switch >enable
Switch # configure terminal
Switch ( config) #hostname SW-C
SW-C ( config)#
SW-C ( config)#interface f0/20
SW-C (config-if-FastEthernet 0/20)#no switchport
SW-C (config-if-FastEthernet 0/20)#
SW-C (config-if-FastEthernet 0/20)#ip address 172.31.2.2 255.255.255.0
SW-C (config-if-FastEthernet 0/20)#no shutdown
SW-C (config-if-FastEthernet 0/20)#exit
```

5）设置 SW-C 的 VLAN 1 地址。

```
SW-C ( config)#interface vlan1
SW-C (config-if)#
SW-C (config-if)#ip address 172.16.1.1 255.255.255.0
SW-C (config-if)#no shutdown
SW-C (config-if)#exit
```

6）设置到 SW-C 的默认路由。

```
SW-C (config)# ip route 0.0.0.0 0.0.0.0 172.31.2.1
SW-C (config)#exit
SW-C #
```

结果验证

1）查看 SW-B 路由表如下。

```
SW-B(config)#show ip route
Codes:   C - connected, S - static, R - RIP, B - BGP
         O - OSPF, IA - OSPF inter area
         N1 - OSPF NSSA external type 1, N2 - OSPF NSSA external type 2
         E1 - OSPF external type 1, E2 - OSPF external type 2
         i - IS-IS, su - IS-IS summary, L1 - IS-IS level-1, L2 - IS-IS level-2
```

```
          ia - IS-IS inter area, * - candidate default

   Gateway of last resort is no set
   S     172.16.1.0/24 [1/0] via 172.31.2.2
   C     172.31.2.0/24 is directly connected, FastEthernet 0/20
   C     172.31.2.1/32 is local host.
```

2）查看 SW-C 路由表如下。

```
   SW-C(config)#show ip route
   Codes:  C - connected, S - static, R - RIP, B - BGP
           O - OSPF, IA - OSPF inter area
           N1 - OSPF NSSA external type 1, N2 - OSPF NSSA external type 2
           E1 - OSPF external type 1, E2 - OSPF external type 2
           i - IS-IS, su - IS-IS summary, L1 - IS-IS level-1, L2 - IS-IS level-2
           ia - IS-IS inter area, * - candidate default

   Gateway of last resort is 172.31.2.1 to network 0.0.0.0
   S*    0.0.0.0/0 [1/0] via 172.31.2.1
   C     172.31.2.0/24 is directly connected, FastEthernet 0/20
   C     172.31.2.2/32 is local host.
```

3）PC1、PC2 和 PC3 之间互相进行 ping 测试，如果通信正常，说明任务完成。

注意事项

在交换机中，配置路由时，下一跳的选择十分关键。

实训报告

请参见本书配套的电子教学资源包，并填写其中的实训报告。

任务5 链路聚合

为了支持与日俱增的高带宽应用，越来越多的计算机使用更加快速的方法连入网络。而网络中的业务量分布是不平衡的，一般表现为网络核心的业务量高，而边缘比较低，关键部门的业务量高，而普通部门低。伴随计算机处理能力的大幅度提高，人们对工作组局域网的处理能力有了更高的要求。当企业内部对高带宽应用需求不断增大时（例如，Web 访问、文档传输及内部网连接），局域网核心部位的数据接口将产生瓶颈问题，因此延长了客户应用请求的响应时间。并且局域网具有分散特性，网络本身并没有针对服务器的保护措施，一个无意的动作，比如不小心踢掉网线的插头，就会让服务器与网络断开。

通常，解决瓶颈问题采用的对策是提高服务器链路的容量，使其满足目前的需求。例如，可以将快速以太网升级到千兆以太网。对于大型网络来说，采用网络系统升级技术是一种长远的、有前景的解决方案。然而对于许多企业，当需求还没有大到必须花费大量的金钱和时间进行升级时，使用升级的解决方案就显得有些浪费了。对于拥有许多网络教室和多媒体教室的普通中学和职业中学，在某些课程的教学期间（比如上传学生制作的网页等），将产生大量访问 Web 服务器或进行大量文档传输的情况，尤其是在县区级的网络信息网上举行优秀老师示范课教学、定期的教学交流等教学活动时，这种情况尤为突出。然而在需求还没有大到必须花费大量的金钱和时间进行升级时，实施网络的升级就显得大材小用了。在这种情况下，链路聚合技术为消除传输链路上的瓶颈与不安全因素提供了成本低廉的解决方案。链路聚合技术将多个线路的传输容量融合成一个单一的逻辑连接。当原有的线路满足不了需求、而单一线路的升级又太昂贵或难以实现时，就可以采用多线路的解决方案。

任务需求

由于财务科和总务科处理数据流量较大，最近交换机经常出现超负荷现象，如果更新设备代价太高，如何能利用现有的设备，将三台交换机间的带宽增加一倍，并实现链路冗余备份，改善网络拥堵状况？

任务分析

交换机可以通过多链路的聚合，使交换机之间的链路带宽呈倍数级的增长。同时，在交换机之间设置了链路聚合后，原来独立的链路之间可以起到冗余备份的作用，从而保证交换机之间链路的安全性。本任务我们可以将两台交换机之间采用两根网线互联，并将相应的两个端口聚合为一个逻辑端口，即可实现这一目标。

知识准备

链路聚合系统增加了网络的复杂性，但也提高了网络的可靠性，使人们可以在服务器等关键局域网段的线路上采用冗余路由。对于计算机局域网系统，可以考虑采用虚拟路由冗余协议（VRRP）。VRRP 可以生成一个虚拟默认的网关地址，当主路由器无法接通时，备用路由器就会采用这个地址，使局域网通信得以继续。当必须提高主要线路的带宽而又无法对网络进行升级时，便可以采用链路聚合技术。除部分交换机开发了专门的协议外，交换机之间的链路聚合一般利用 IEEE 802.3ad 协议来实现。通过 IEEE 802.3ad 协议，聚合在一起的链路可以在一条单一逻辑链路上组合使用多条物理链路的传输速度，以增加设备之间的带宽。

链路聚合的另一个特点是在点对点链路上提供固有的、自动的冗余性。在配置链路聚合时应坚持以下原则：

1）将通道中的所有端口配置在同一 VLAN 中，或全部设置为 tag。
2）将通道中的所有端口配置在相同的速率和相同的工作模式（全双工或半双工）下。
3）将通道中所有端口的安全功能关闭。
4）启用通道中的所有端口。
5）确保通道中所有端口在通道的两端都有相同的配置。

设备环境

1．实验设备

1）二层交换机 1 台。

2）三层交换机 2 台。

3）3 台以上计算机。

4）直连线 7 条。

2．实验拓扑（见图 7-5）

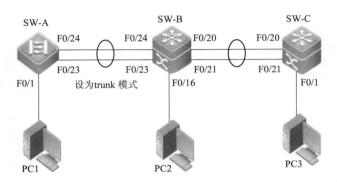

图 7-5　交换机链路聚合

3．配置表（见表 7-6）

表 7-6　交换机链路聚合配置表

名　　称	IP 地址	子网掩码	端口号	VLAN	网　关
PC1	192.168.10.10	255.255.255.0	F0/1	VLAN 100	192.168.10.1
PC2	192.168.20.20	255.255.255.0	F0/16	VLAN 200	192.168.20.1
PC3	172.16.1.2	255.255.255.0	F0/1	VLAN 1	172.16.1.1

名　　称	AG1 口	AG2 口	VLAN100	VLAN200
SW-A	F0/23　F0/24		F0/1- F0/8	F0/9- F0/16
SW-B	F0/23　F0/24	F0/20　F0/21	F0/1- F0/8	F0/9- F0/16
SW-C		F0/20　F0/21		

名　　称	VLAN 1 地址	VLAN 100 地址	VLAN 200 地址	AG2 口地址
SW-A	192.168.1.11/24			
SW-B	192.168.1.12/24	192.168.10.1/24	192.168.20.1/24	172.31.2.1/24
SW-C	172.16.1.1/24			172.31.2.2/24

任务描述

　　按照如图 7-5 所示的网络拓扑图连接好设备，所有配置按任务 4 设置不变。将交换机

SW-A 和 SW-B 的 F0/23 和 F0/24 设为聚合端口 AG1，将交换机 SW-B 和 SW-C 的 F0/20 和 F0/21 设为聚合端口 AG2，使交换机之间增加冗余功能，并使带宽增加一倍。

任务实施

1）所有任务 4 中 SW-A、SW-B 和 SW-C 的配置不变，只做少许改动，不涉及的配置方法和步骤参照任务 3 和任务 4。

2）在 SW-A 上将 f0/23 和 f0/24 配置为聚合端口 AG1。

> SW-A (config)#interface aggregateport 1（创建聚合端口 aggregateport 1）
> SW-A (config-if-AggregatePort 1)# switchport mode trunk　（将该 aggregateport 1 配置为 tag 模式）
> SW-A (config-if-AggregatePort 1)#exit
> SW-A (config)#interface range fastethernet 0/23-24　（进入组配置状态，将 f 0/23 和 f 0/24 加入同一个组）
> SW-A (config-if-range)#port-group 1 (配置端口 f 0/23 和 f 0/24 属于 aggregateport 1)

3）在 SW-B 上将 f0/23 和 f0/24 配置为聚合端口 AG1。

> SW-B (config)#interface aggregateport 1（创建聚合端口 aggregateport 1）
> SW-B (config-if-AggregatePort 1)# switchport mode trunk　（将该 aggregateport 1 配置为 tag 模式）
> SW-B (config-if-AggregatePort 1)#exit
> SW-B (config)#interface range fastethernet 0/23-24　（进入组配置状态，将 f 0/23 和 f 0/24 加入同一个组）
> SW-B (config-if-range)#port-group 1 (配置端口 f 0/23 和 f 0/24 属于 aggregateport 1)

4）在 SW-B 上将 f0/20 和 f0/21 配置为聚合端口 AG2。

> SW-B (config)#interface aggregateport 2（创建聚合端口 aggregateport 2）
> SW-B config-if-AggregatePort 2)# no switchport　（将该 aggregateport 1 配置为三层模式）
> SW-B (config-if-AggregatePort 2)#exit
> SW-B (config)#interface range fastethernet 0/20-21　（进入组配置状态，将 f 0/20 和 f 0/21 加入同一个组）
> SW-B (config-if-range)# no switchport (配置为三层模式)
> SW-B (config-if-range)#port-group 2 (配置端口 f 0/20 和 f 0/21 属于 aggregateport 2)
> SW-B (config)# interface aggregateport 2
> SW-B (config-if-AggregatePort 2)#ip address 172.31.2.1 255.255.255.0 (为 AG2 设置 IP 地址)
> SW-B (config-if-AggregatePort 2)#exit

5）在 SW-C 上将 f0/20 和 f0/21 配置为聚合端口 AG2。

> SW-C (config)#interface aggregateport 2（创建聚合端口 aggregateport 2）
> SW-C (config-if-AggregatePort 2)# no switchport　（将该 aggregateport 1 配置为三层模式）
> SW-C (config-if-AggregatePort 2)#exit
> SW-C (config)#interface range fastethernet 0/20-21　（进入组配置状态，将 f 0/20 和 f 0/21 加入同一个组）
> SW-C (config-if-range)# no switchport (配置为三层模式)
> SW-C (config-if-range)#port-group 2 (配置端口 f 0/20 和 f 0/21 属于 aggregateport 2)
> SW-C (config)# interface aggregateport 2
> SW-C (config-if-AggregatePort 2)#ip address 172.31.2.2 255.255.255.0 (为 AG2 设置 IP 地址)
> SW-C (config-if)#exit

结果验证

1) 验证接口 fastEthernet0/23 和 0/24 属于 AG1。

```
SW-A#show AggregatePort 1 summary          !查看端口聚合组 1 的信息
AggregatePort   MaxPorts   SwitchPort   Mode   Ports
Ag1       8        Enabled    Trunk   Fa 0/23,Fa0/24
```

注意：AG1 最大支持端口数为 8 个，当前 VLAN 模式为 Trunk，组成员有 F0/1、F0/2。

2) 验证当交换机连接的聚合组中的其中一条链路断开时，PC1 与 PC2 仍能互相通信。

注意事项

1) 只有同类型端口才能聚合为一个 AG 端口。

2) 所有物理端口必须属于同一个 VLAN。

3) 在锐捷交换机上最多支持 8 个物理端口聚合为一个 AG。

4) 在锐捷交换机上最多支持 6 组聚合端口。

实训报告

请参见配套的电子教学资源包，并填写其中的实训报告。

任务6　端口镜像

集线器无论收到什么数据，都会将数据按照广播的方式在各个端口发送出去，这个方式虽然造成网络带宽的浪费，但对于网管设备对网络数据的收集和监听是很有效的；交换机在收到数据帧之后，会根据目的地址的类型决定是否需要转发数据，而且如果不是广播数据，它只会将它发送给某一个特定的端口，这样的方式对网络效率的提高很有好处，但对于网管设备来说，在交换机连接的网络中监视所有端口的往来数据似乎变得很困难了。

解决这个问题的办法之一就是对交换机进行配置，使交换机将某一端口的流量在必要的时候镜像给网管设备所在端口，从而实现网管设备对某一端口的监视。

在交换式网络中，对网络数据的分析工作并没有像人们预想的那样变得更加快捷，由于交换机是进行定向转发的设备，因此网络中其他不相关的端口将无法收到其他端口的数据，比如网管的协议分析软件安装在一台接在端口 1 下的机器中，而如果想分析端口 2 与端口 3 设备之间的数据流量几乎就变得不可能了。

端口镜像技术可以将一个源端口的数据流量完全镜像到另外一个目的端口进行实时分析。利用端口镜像技术，我们可以把端口 2 或 3 的数据流量完全镜像到端口 1 中进行分析。端口镜像完全不影响所镜像端口的工作。

任务需求

信息学校技能大赛培训机房有 20 台计算机，连在一台三层交换机上，通过一台路由器接入互联网。而最近网络速度变得很慢，经过调查发现有一台计算机 PC2 所连接端口的数据流量很大，现决定对 PC2 所连接端口进行流量分析。

任务分析

网络速度变慢的原因有很多，除设备硬件故障外，多数是由病毒或数据通信过程中线路等不确定因素引起的，为了准确了解原因而排除故障，最有效的方法是对数据进行分析，查找原因、对症下药。对于交换机如果要监测某端口的数据，在不影响端口通信和使用的情况下，需要做端口镜像来完成本任务。

知识准备

由于部署 IDS 产品需要监听网络流量（网络分析仪同样也需要），但是在目前广泛采用的交换网络中监听所有流量有相当大的困难，因此需要通过配置交换机来把一个或多个端口（VLAN）的数据转发到某一个端口来实现对网络的监听。

交换机实施端口镜像功能后可以监视到进出网络的所有数据包，供安装了监控软件的管理服务器抓取数据，如网吧需要提供此功能将数据发往公安部门审查。而企业出于信息安全、保护公司机密的需要，也迫切需要网络中有一个端口能提供这种实时监控功能。在企业中用端口镜像功能，可以很好地对企业内部的网络数据进行监控管理，在网络出现故障时，可以很好地做到故障定位。一般通过配置端口镜像，安装"网路岗"监控上网行为管理软件即可实现对整个网络的监控了。

在一些交换机中，我们可以通过对交换机的配置来实现将某个端口上的数据包复制一份到另外一个端口上，这个过程就是"端口镜像"。假设在一个交换机中做端口镜像，端口 1 为镜像端口，端口 2 为被镜像端口。因为通过端口 1 可以看到端口 2 的流量，所以，我们也称端口 1 为监控端口，而端口 2 为被监控端口。

交换机把某一个端口接收或发送的数据帧完全相同地复制给另一个端口；其中被复制的端口被称为镜像源端口，复制的端口被称为镜像目的端口。

设备环境

1. 实验设备

1）交换机 1 台。

2）计算机 2 台。

3）Sniffer 实验软件一套。

2. 实验拓扑（见图 7-6）

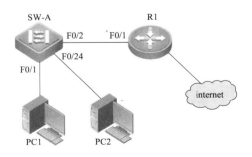

图 7-6　交换机端口镜像

任务描述

设置 PC2 所连的 F0/24 为源端口，PC1 所连的 F0/1 为目的端口，使用端口镜像技术监控 PC2 的数据。

任务实施

1）指定 PC2 连接的端口 0/24 为源端口（也叫被监控口）。

```
Switch#configure terminal                    (进入交换机全局配置模式。)
Switch(config)#monitor session 1 source interface fastEthernet 0/24 both
       (同时监控端口发送和接收的流量)
```

验证测试：

```
Switch#show monitor session 1
Session: 1
Source Ports:
      Rx Only    : None
      Tx Only    : None
      Both       : Fa0/24
Destination Ports: None
```

2）指定 PC1（协议分析器）连接在交换机的 0/1 口为目的端口（也叫监控口）。

```
Switch(config)#monitor session 1 destination interface fastEthernet 0/1
```

验证测试：

```
Switch#show monitor session 1
Session: 1
Source Ports:
      Rx Only    : None
      Tx Only    : None
      Both       : Fa0/24
Destination Ports: Fa0/1
```

3）启动 sniffer，使 PC1 ping PC2，看是否可以捕捉到数据包？利用协议分析器对端口 0/24 的数据流量进行分析。

```
 IP
 IP  Version = 4, header length = 20 bytes
 IP: Type of service = 00
 IP:       000. .... = routine
 IP           .0.. .... = normal delay
 IP           ..0. .... = normal throughput
 IP           ...0 .... = normal reliability
 IP           .... 0... = ECT bit - transport protocol will ignore the CE bit
 IP           .... .0.. = CE bit - no congestion
 IP  Total length    = 60 bytes
 IP  Identification  = 2445
 IP  Flags           = 0X
 IP        .0.. .... = may fragment
 IP        ..0. .... = last fragment
 IP  Fragment offset = 0 bytes
 IP  Time to live    = 128 seconds/hops
 IP  Protocol        = 1 (ICMP)
 IP  Header checksum = 9BC4 (correct)
 IP  Source address      = [192.168.10.30]
 IP  Destination address = [192.168.10.1]
 IP  No options
 IP:
 ICMP: ----- ICMP header -----
 ICMP:
```

结果验证

参见步骤 1）和 2）并使用命令查看是否有下列信息显示。

```
Switch#show running-config
Building configuration...
Current configuration : 160 bytes
!
version 1.0
!
hostname Switch
monitor session 1 destination interface fastEthernet 0/1
monitor session 1 source interface fastEthernet 0/24 both
end
```

注意事项

1）清空交换机原有的端口镜像配置：Switch(config)#no monitor session 1。

2）镜像目的端口不能是端口聚合组成员。

3）镜像目的端口的吞吐量如果小于镜像源端口吞吐量的总和，则目的端口无法完全复制源端口的流量；请减少源端口的个数或复制单向的流量，或者选择吞吐量更大的端口作为目的端口。

实训报告

请参见配套的电子教学资源包，并填写其中的实训报告。

任务 7   绑定端口和 MAC 地址

随着网络安全意识的加强，学校和企业对于局域网的安全控制也越来越严格，普遍采用的做法之一就是 IP 地址、网卡的 MAC 地址与交换机端口绑定。我们通常说的 MAC 地址与交换机端口绑定其实就是交换机端口安全功能。端口安全功能可以为用户配置一个端口只允许一台或者几台确定的设备访问那个交换机；能根据 MAC 地址确定允许访问的设备；允许访问的设备的 MAC 地址既可以手工配置，也可以从交换机"学到"；当一个未批准的 MAC 地址试图访问端口时，交换机会挂起或者禁用该端口等。

任务需求

信息学校为了安全和便于管理，要求对网络进行严格控制，防止学校内部用户任意访问网络，防止学校内部的网络攻击和恶意的 ARP 欺骗等破坏行为。那么如何在接入层交换机上限制只允许受权用户主机使用网络及限制每个端口最大连接数，使端口不得随意连接其他主机？

任务分析

在学校和企业中，当网络中某机器由于中毒进而引发大量的广播数据包在网络中泛洪时，网络管理员的唯一想法就是尽快地找到根源主机并把它从网络中暂时隔离开。当网络的布置很随意时，任何用户只要插上网线，在任何位置都能够上网，这虽然使正常情况下的大多数用户很满意，而一旦发生网络故障，网管人员却很难快速准确地定位根源主机，就更谈不上将它隔离了。信息学校的网络管理主要是针对这些情况才进行了网络的严格管理，具体方法可以通过端口与 MAC 地址绑定来解决。

知识准备

利用交换机端口安全功能可以控制用户的安全接入，限制交换机端口的最大连接数可以控制交换机端口下连接的主机数，并防止用户进行恶意的 ARP 攻击和欺骗，交换机端口可以针对 MAC 地址、MAC+IP 地址进行灵活地绑定，可以实现对用户进行严格的控制，保证用户的安全接入并防止常见的内网网络攻击，如 ARP 欺骗，IP、MAC 地址欺骗，IP 地址攻击等。避免因 ARP 病毒导致局域网通信堵塞，减少上网速度越来越慢的情况。

MAC 地址与端口绑定后，该 MAC 地址的数据流只能从绑定端口进入，不能从其他端口进入。该端口可以允许其他 MAC 地址的数据流通过。但是如果绑定方式采用动态 lock 的方式会使该端口的地址学习功能关闭，因此在取消 lock 之前，其他 MAC 的主机也不能从这个端口进入。端口与地址绑定技术使主机必须与某一端口进行绑定，也就是说，特定主机只有在某个特定端口下发出数据帧，才能被交换机接收并传输到网络上，如果这台主机移到其他位置，则无法实现正常的联网。这样做看起来似乎对用户苛刻了一些，而且对于有大量使用便携机的员工的园区网并不适用，但基于安全管理的角度考虑，它却起到了至关重要的作用。

1. 可靠的 MAC 地址类型

1）静态可靠的 MAC 地址：在交换机接口模式下手动配置，这个配置会被保存在交换机 MAC 地址表和运行配置文件中，交换机重新启动后不会丢失（当然是在保存配置完成后），具体命令如下：

Switch(config-if)#switchport port-security mac-address Mac 地址

2）动态可靠的 MAC 地址：这种类型是交换机默认的类型。在这种类型下，交换机会动态学习 MAC 地址，但是这个配置只会保存在 MAC 地址表中，不会保存在运行配置文件中，并且交换机重新启动后，这些 MAC 地址表中的 MAC 地址自动会被清除。

3）黏性可靠的 MAC 地址：这种类型下，可以手动配置 MAC 地址和端口的绑定，也可以让交换机自动学习来绑定，这个配置会被保存在 MAC 地址中和运行配置文件中，如果保存配置，交换机重启动后不用再自动重新学习 MAC 地址。具体命令如下：

Switch(config-if)#switchport port-security mac-address sticky

其实在上面这条命令配置后并且该端口得到 MAC 地址后，会自动生成一条配置命令：

Switch(config-if)#switchport port-security mac-address sticky Mac 地址

2. 违反 MAC 安全采取的措施

当超过设定 MAC 地址数量的最大值，或访问该端口的设备 MAC 地址不是这个 MAC

地址表中该端口的 MAC 地址，或同一个 VLAN 中一个 MAC 地址被配置在几个端口上时，就会引发违反 MAC 地址安全，这个时候采取的措施有 3 种。

1）保护模式（protect）：丢弃数据包，不发送警告。

2）限制模式（restrict）：丢弃数据包，发送警告，发出 SNMP trap，同时被记录在 syslog 日志里。

3）关闭模式（shutdown）：这是交换机默认模式，在这种情况下端口立即变为 err-disable 状态，并且关掉端口灯，发出 SNMP trap，同时被记录在 syslog 日志里，除非管理员手工激活，否则该端口失效。

端口安全仅仅配置在静态 Access 端口；在 trunk 端口、SPAN 端口、快速以太通道、吉比特以太通道端口组或者被动态划给一个 VLAN 的端口上不能配置端口安全功能；不能基于每 VLAN 设置端口安全；交换机不支持黏性可靠的 MAC 地址老化时间。protect 和 restrict 模式不能同时设置在同一端口上。

3．配置命令

1）静态可靠的 MAC 地址的命令步骤：

```
Switch#config terminal
Switch(config)#interface interface-id        （进入需要配置的端口）
Switch(config-if)#switchport mode Access      （设置为交换模式）
Switch(config-if)#switchport port-security    （打开端口安全模式）
Switch(config-if)#switchport port-security violation {protect | restrict | shutdown }
```

上面这一条命令是可选的，也就是可以不用配置，默认的是 shutdown 模式，但是在实际配置中推荐用 restrict。

```
Switch(config-if)#switchport port-security maximum value
```

上面这一条命令也是可选的，也就是可以不用配置，默认的 maximum 是一个 MAC 地址。其实上面这几条命令在静态、黏性下都是一样的。

```
Switch(config-if)#switchport port-security mac-address MAC 地址
```

上面这一条命令说明是配置为静态可靠的 MAC 地址。

2）动态可靠的 MAC 地址配置，因为是交换机默认的设置，此处省略。

3）黏性可靠的 MAC 地址配置的命令步骤：

```
Switch#config terminal
Switch(config)#interface interface-id
Switch(config-if)#switchport mode Access
Switch(config-if)#switchport port-security
Switch(config-if)#switchport port-security violation {protect | restrict | shutdown }
Switch(config-if)#switchport port-security maximum value
```

上面这几条命令解释和前面静态讲到的原因一样，不再说明。

```
Switch(config-if)#switchport port-security mac-address sticky
```

上面这一条命令说明是配置为黏性可靠的 MAC 地址。

在实际的运用中经常用到黏性可靠的 MAC 地址绑定，现在我们在一台二层交换机上绑定。

```
Switch (config)#int rang fa0/1-24
```

Switch (config-if-range)#switchport mode Access

Switch (config-if-range)#switchport port-security

Switch (config-if-range)#switchport port-security mac-address violation restrict

Switch (config-if-range)#switchport port-security mac-address sticky

这样交换机的 24 个端口都绑定了，注意：在实际运用中要求把连在交换机上的计算机都打开，这样才能学到 MAC 地址，并且要在学到 MAC 地址后保存配置文件，这样下次就不用再学习 MAC 地址了，然后用 show port-security address 查看绑定的端口，确认配置正确。

设备环境

1. 实验设备

1）交换机 1 台。

2）测试计算机 2 台。

3）Console 线 1 根。

4）直连双绞线 2 根。

2. 实验拓扑（见图 7-7）

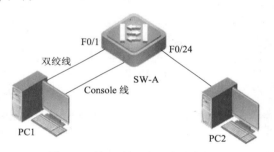

图 7-7　端口和 MAC 地址绑定

3. 配置表（见表 7-7）

表 7-7　端口和 MAC 地址绑定配置表

名　　称	IP 地址	连接端口	MAC 地址
PC1	192.168.1.11/24	F0/1	e0-69-95-11-d9-f6
PC2	192.168.1.12/24	F0/24	00-1a-a9-46-bd-90
SW-A	192.168.1.1/24		

任务描述

1）交换机 IP 地址为 192.168.1.1/24，PC1 的 IP 地址为 192.168.1.11/24；PC2 的 IP 地址为 192.168.1.12/24。

2）在交换机上作 MAC 与端口绑定，了解什么是交换机的 MAC 绑定功能。

3）熟练掌握 MAC 与端口绑定的静态、动态方式。

4）PC1 在不同的端口上 ping 交换机的 IP，检验理论是否和实验一致。

5）PC2 在不同的端口上 ping 交换机的 IP，检验理论是否和实验一致。

任务实施

1）得到 PC1 主机的 MAC 地址，如图 7-8 所示。

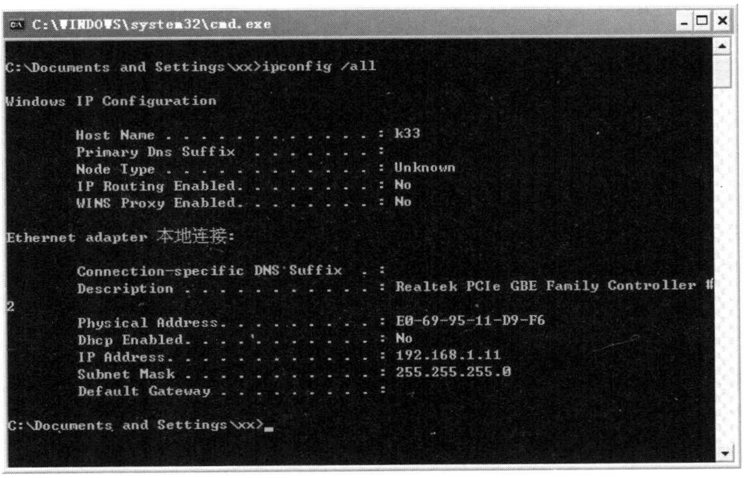

图 7-8　查看主机 MAC 地址

我们得到了 PC1 的 Mac 地址为：E0-69-95-11-D9-F6。

2）交换机全部恢复出厂设置，配置交换机的 IP 地址。

```
switch(config)#interface vlan 1
switch(config-If-Vlan1)#ip address 192.168.1.1 255.255.255.0
switch(config-If-Vlan1)#no shut
switch(config-If-Vlan1)#exit
switch(config)#
```

3）使能端口的 MAC 地址绑定功能。

```
switch(config)#interface fastethernet 0/1
switch(config-if-FastEthernet 0/1)#switchport port-security
switch(config-if-FastEthernet 0/1)#
```

4）添加端口静态安全 MAC 地址，默认端口最大安全 MAC 地址数为 1。

```
switch(config-if-FastEthernet 0/1)#switchport port-security mac-address e069.9511.d9f6
```

验证配置：

```
switch (config-if-FastEthernet 0/1)#show port-security
```

Secure Port	MaxSecureAddr	CurrentAddr	MaxIPSecureAddr	CurrentIPAddr	Security Action
	(Count)	(Count)	(Count)	(Count)	
-----------	-------------	-----------	---------------	-------------	-------------
Fa0/1	128	1	64	0	Protect

```
------------------------------------------------------------------------------------

Total Secure Addresses in System : 1
Max Secure Addresses limit in System : 1024
```

switch (config-if-FastEthernet 0/1)#

5）使用 ping 命令验证。

PC	端　口	Ping	结　果	原　因
PC1	0/1	192.168.1.1	通	端口 MAC 与主机相同
PC1	0/24	192.168.1.1	不通	主机 MAC 绑定在 F0/1
PC2	0/1	192.168.1.1	通	主机 MAC 没有绑定
PC2	0/24	192.168.1.1	通	主机 MAC 没有绑定

6）在一个以太口上静态捆绑多个 MAC。

switch(config)#interface fastethernet 0/1

Switch(config-if-FastEthernet 0/1)#switchport port-security maximum 4

Switch(config-if-FastEthernet 0/1)#switchport port-security mac-address aaaa.aaaa.aaaa

Switch(config-if-FastEthernet 0/1)#switchport port-security mac-address aaaa.aabb.bbbb

Switch(config-if-FastEthernet 0/1)#switchport port-security mac-address aaaa.aacc.cccc

验证配置：

switch (config-if-FastEthernet 0/1)#show port-security

Secure Port	MaxSecureAddr (Count)	CurrentAddr (Count)	MaxIPSecureAddr (Count)	CurrentIPAddr (Count)	Security Action
Fa0/1	128	4	64	0	Protect

Total Secure Addresses in System : 4

Max Secure Addresses limit in System : 1024

switch (config-if-FastEthernet 0/1)#

switch (config-if-FastEthernet 0/1)#sh port-security address

Vlan	Mac Address	IP Address	Type	Port	Remaining Age (mins)
1	e069.9511.d9f6		Configured	Fa0/1	-
1	aaaa.aaaa.aaaa		Configured	Fa0/1	-
1	aaaa.aabb.bbbb		Configured	Fa0/1	-
1	aaaa.aacc.cccc		Configured	Fa0/1	-

switch (config-if-FastEthernet 0/1)#

上面使用的都是静态捆绑 MAC 的方法，下面介绍动态 MAC 地址绑定的基本方法，首先清空刚才做过的捆绑。

7）清空端口与 MAC 绑定。

switch(Config)#

switch(Config)#interface fastethernet 0/1

switch(config-if-FastEthernet 0/1)#no switchport port-security

switch(config-if-FastEthernet 0/1)#no switchport port-security mac-address e069.9511.d9f6

Switch(config-if-FastEthernet 0/1)# no switchport port-security mac-address aaaa.aaaa.aaaa

Switch(config-if-FastEthernet 0/1)# no switchport port-security mac-address aaaa.aabb.bbbb

Switch(config-if-FastEthernet 0/1)# no switchport port-security mac-address aaaa.aacc.cccc switch(config-if-FastEthernet 0/1)#exit

8）使能端口的 MAC 地址绑定功能，动态学习 MAC 并转换。

switch(config)#interface fastethernet0/1
switch(config-if-FastEthernet 0/1)#switchport port-security
switch(config-if-FastEthernet 0/1)#switchport port-security lock
switch(config-if-FastEthernet 0/1)#switchport port-security convert
switch(config-if-FastEthernet 0/1)#exit

验证配置：

switch#show port-security address
Vlan Mac Address   IP Address   Type   Port   Remaining Age   (mins)
---- --------------- ----------------------------------- ---------- -------- -------------
 1   e069.9511.d9f6   . Configured   Fa0/1   -
 1   001a.a946.bd90   Configured   Fa0/24   -
switch (config-if-FastEthernet 0/1)#

9）使用 ping 命令验证。

PC	端　　口	Ping	结　　果	原　　因
PC1	F0/1	192.168.1.1	通	端口 MAC 与主机相同
PC1	F0/24	192.168.1.1	不通	主机 MAC 绑定在 F 0/1
PC2	F0/1	192.168.1.1	不通	主机 MAC 绑定在 F 0/24
PC2	F0/24	192.168.1.1	通	端口 MAC 与主机相同

结果验证

验证结果参照各步骤（本处略）。

注意事项

1）如果出现端口无法配置 MAC 地址绑定功能的情况，请检查交换机的端口是否运行了 Spanning-tree，802.1x，端口汇聚或者端口已经配置为 Trunk 端口。MAC 绑定在端口上与这些配置是互斥的，如果该端口要打开 MAC 地址绑定功能，就必须首先确认端口下的上述功能已经被关闭。

2）当动态学习 MAC 时，无法执行"convert"命令时，请检查 PC 的网卡是否和该端口正确连接。

3）当端口执行 lock 之后，该端口 MAC 地址学习功能被关闭，不允许其他的 MAC 进入该端口。

实训报告

请参见本书配套的电子教学资源包，并填写其中的实训报告。

任务 8   绑定交换机 MAC 与 IP

任务 7 解决了端口与 MAC 地址之间的绑定问题，这增加了交换机端口的安全性。有些设备还支持对接入设备 IP 地址的绑定，也就是要求绑定 IP 地址和 MAC 地址，这个就需要三层或以上的交换机了，因为我们知道普通的交换机都是工作在第二层，也就是数据链路层，是不可能绑定 IP 的。假如企业是星形网络，且中心交换机是带三层或以上功能的，我们就可以在上面绑定。

任务需求

信息学校虽然在任务 7 中使 MAC 与端口绑定限制了非受权用户，但正常用户或学生使用计算机时，有个别人任意修改 IP 地址，造成 IP 地址冲突。为了方便管理，需要将 MAC、IP 和端口绑定在一起使用户不能随便更改 IP 地址，不能任意更改接入端口，使内部网络管理更加完善。

任务分析

影响网络安全的因素很多，IP 地址盗用或地址欺骗就是其中一个常见且危害极大的因素。现实中，许多网络应用是基于 IP 的，比如流量统计、账号控制等都将 IP 地址作为标志用户的一个重要参数。如果有人盗用了合法地址并伪装成合法用户，网络上传输的数据就可能被破坏、窃听，甚至盗用，造成无法弥补的损失。

盗用外部网络的 IP 地址比较困难，因为路由器等网络互联设备一般都会设置通过各个端口的 IP 地址范围，不属于该 IP 地址范围的报文将无法通过这些互联设备。但如果盗用的是 Ethernet 内部合法用户的 IP 地址，那么这种网络互联设备就无能为力了。绑定 MAC 地址与 IP 地址就是防止内部 IP 盗用的一个常用的、简单的、有效的措施。

知识准备

IP 地址的修改非常容易，而 MAC 地址存储在网卡的 EEPROM 中，而且网卡的 MAC 地址是唯一确定的。因此，为了防止内部人员进行非法 IP 盗用（例如，盗用权限更高人员的 IP 地址，以获得权限外的信息），可以将内部网络的 IP 地址与 MAC 地址绑定，盗用者即使修改了 IP 地址，也因 MAC 地址不匹配而盗用失败，而且由于网卡 MAC 地址的唯一确定性，可以根据 MAC 地址查出使用该 MAC 地址的网卡，进而查出非法盗用者。

目前，很多单位的内部网络，尤其是学校校园网都采用了 MAC 地址与 IP 地址的绑定技术。许多防火墙（硬件防火墙和软件防火墙）为了防止网络内部的 IP 地址被盗用，也都内置了 MAC 地址与 IP 地址的绑定功能。

当交换机收到源 IP 地址为这个指定的 IP 地址帧时，交换机才会检查该帧中的源 MAC

地址是否和绑定的 MAC 地址相同。如果不同，交换机则会丢弃该帧；如果 MAC 地址相同，则该帧被正常转发。如果交换机收到的帧的源 IP 不是指定的 IP 地址，则交换机不对该帧作绑定检查，并正常转发此报文。这样绑定的目的是，指定的合法 IP 地址只能在指定的 MAC 地址上使用，避免该 IP 地址被其他人使用，防止 IP 地址冲突。

设备环境

1．实验设备

1）交换机 1 台。
2）测试计算机 2 台。
3）Console 线 1 根。
4）直连双绞线 2 根。

2．实验拓扑（见图 7-9）

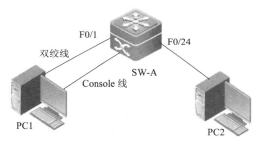

图 7-9　交换机 MAC 与 IP 的绑定

任务描述

1）了解 MAC 地址与 IP 地址的绑定。
2）掌握如何在接入交换机上配置 MAC 地址与 IP 地址。

任务实施

1）配置交换机端口的最大连接数限制。

```
Switch#configure terminal
Switch(config)#interface range fastethernet 0/1-24 (打开交换机 1～24 端口)
Switch(config-if-range)# switchport mode access
Switch(config-if-range)#switchport port-security (开启 1～24 安全端口功能)
Switch(config-if-range)#switchport port-security maximum 1 (开启端口的最大连接数为 1)
Switch(config-if-range)#switchport port-security violation shutdown (配置安全违例的处理方式
shutdown)
```

2）验证测试：查看交换机的端口安全配置。

```
Switch#show port-security
```

3）配置交换机端口的地址绑定。

① 查看主机的 IP 地址和 MAC 地址信息。在 PC1 上打开 CMD 命令提示符窗口，执行 Ipcinfig/All 命令，查看测试计算机 PC1 的 IP 地址为 192.168.1.11，MAC 地址为 E0-69-95-11-D9-F6，详见任务 7 的第 1 步，如图 7-8 所示。

② 配置交换机端口的地址绑定。

```
Switch#configure terminal
Switch(config)#interface fastethernet 0/1
Switch(config-if-FastEthernet 0/1)#switchport port-security
       Switch(config-if-FastEthernet 0/1)#switchport port-security mac-address e069.9511.d9f6 Ip-address
192.168.1.11（配置 IP 地址绑定）
```

③ 查看地址绑定配置。

```
Switch#show port-security address
Vlan Mac Address        IP Address      Type        Port   Remaining Age   (mins)
---- --------------- --------------------------------------- ---------- -------- -------------
1       e069.9511.d9f6 192.168.1.11   Configured   Fa0/1    -
```

结果验证

在特权模式开始时，可以通过下面的命令，查看端口安全的信息，测试刚才为交换机配置的安全项目内容。

查看接口的端口安全配置信息：show port-security interface Fa0/1。

查看安全地址信息：show port-security address。

显示某个接口上的安全地址信息：show port-security interface Fa0/1 address。

显示所有安全端口的统计信息，包括最大安全地址数，当前安全地址数以及违例处理方式等：show port-security。

假设 PC1 的 IP 地址为 192.168.1.11/24，现在 PC1 可以正常 ping 通 PC2；如果现在换成另外一台 PC3 接入交换机的 Fa0/1 端口，不仅 ping 不通 PC2，还会发现 Fa0/1 因为违例被 Shutdown 了。想再次开启 Fa0/1 端口，no shutdown 是不管用的，需要使用 errdisable recovery 恢复。

注意事项

1）交换机安全功能只能在 Access 接口进行配置。

2）交换机最大连接数限制取值范围是 1～128，默认是 128。

3）交换机最大连接数限制默认的处理方式是 protect。

实训报告

请参见配套的电子教学资源包，并填写其中的实训报告。

任务 9 配置访问控制列表 ACL

网络应用与互联网的普及在大幅提高企业生产经营效率的同时，也带来了网络管理及数据安全性等问题，例如，员工利用互联网做与工作不相干的事情等。如何有效地管理一个网络，尽可能降低网络所带来的负面影响就成为网络管理员的一个重要任务。

任务需求

信息学校为了实现内部网络中不同用户之间的安全防范措施，学校需要将学生网隔离出来，各部门之间的网络仍然可以实现互联互通。

任务分析

在学校内部，建立网络之后，网络管理人员面临各种各样的麻烦，不是因学生上网搞乱篡改 IP 地址，就是在访问内网时，经常侵入办公网络影响学校的正常办公，再就是经常访问教师网使教师的各种材料丢失，为了解决这些问题，网络管理人员不得不对访问权限加以限制，最直接的办法就是通过 ACL 解决。

知识准备

网络中常说的 ACL 是 IOS 提供的一种访问控制技术，初期仅在路由器上支持，近些年来已经扩展到三层交换机，部分二层交换机也提供 ACL 的支持。只不过支持的特性不是那么完善而已。不同厂商的路由器或多层交换机上也提供类似的技术，不过名称和配置方式都会有细微的差别。

1）基本原理：ACL 使用包过滤技术，在路由器上读取第三层及第四层包头中的信息如源地址、目的地址、源端口、目的端口等，根据预先定义好的规则对包进行过滤，从而达到访问控制的目的。

2）功能：功能包括网络中的资源节点和用户节点两大类。其中，资源节点提供服务或数据，用户节点访问资源节点所提供的服务与数据。ACL 的主要功能就是一方面保护资源节点，阻止非法用户对资源节点的访问，另一方面限制特定的用户节点所具备的访问权限。

3）ACL 的基本原则：在实施 ACL 的过程中，应当遵循如下两个基本原则。

① 最小特权原则：只给受控对象完成任务所必需的最小的权限。

② 最靠近受控对象原则：所有的网络层访问权限控制局限性。由于 ACL 是使用包过滤技术来实现的，过滤的依据又仅仅只是第三层和第四层包头中的部分信息，这种技术具有一些固有的局限性，如无法识别到具体的人，无法识别到应用内部的权限级别等。因此，要达到 end to end 的权限控制目的，需要和系统级及应用级的访问权限控制结合使用。

设备环境

1．实验设备

1）计算机 3 台。
2）直连双绞线 3 根。
3）交换机 1 台。

2．实验拓扑（见图 7-10）

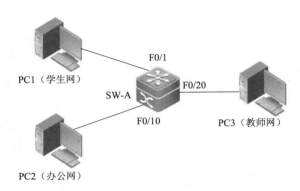

图 7-10　交换机访问控制列表 ACL

3．配置表（见表 7-8）

表 7-8　交换机访问控制列表 ACL 配置表

设备名称	IP 地址	子网掩码	网　关	接　口
PC1	192.168.1.6	255.255.255.0	192.168.1.1	F0/1
PC2	192.168.2.11	255.255.255.0	192.168.2.1	F0/10
PC3	192.168.3.14	255.255.255.0	192.168.3.1	F0/20

任务描述

配置交换机标准命名访问控制列表，使学生网不能访问办公网，也不能访问教师网。

任务实施

1）IP 地址规划与设置见配置表。

2）配置交换机。

```
Switch#conf
Switch (config)#int f 0/1
Switch (config-if-FastEthernet 0/1)#no switch
Switch (config-if-FastEthernet 0/1)#ip address 192.168.1.1 255.255.255.0
Switch (config-if-FastEthernet 0/1)#no shut
Switch (config-if-FastEthernet 0/1)#int f 0/10
Switch (config-if-FastEthernet 0/10)#no switch
Switch (config-if-FastEthernet 0/10)#ip address 192.168.2.1 255.255.255.0
Switch (config-if-FastEthernet 0/10)#no shut
Switch (config-if-FastEthernet 0/10)#int f 0/20
Switch (config-if-FastEthernet 0/20)#no switch
Switch (config-if-FastEthernet 0/20)#ip address 192.168.3.1 255.255.255.0
Switch (config-if-FastEthernet 0/20)#no shut
Switch (config-if-FastEthernet 0/20)#exit
Switch (config)#ip access-list standard deny-student        （配置标准访问列表）
```

Switch (config-std-nacl)#deny 192.168.1.0　0.0.0.255　（阻止相应的网段进行访问）
Switch (config-std-nacl)#permit any
Switch (config-std-nacl)#exit
Switch (config)#int f 0/1
Switch (config-if-FastEthernet 0/1)#ip access-group deny-student in
Switch (config-if-FastEthernet 0/1)#no shut
Switch (config-if-FastEthernet 0/1)#exit
Switch (config)#

结果验证

1）查看 PC1 的 IP 地址情况。

C:\Documents and Settings\Administrator>ipconfig
Windows IP Configuration
Ethernet adapter test:
　　　　Connection-specific DNS Suffix　. :
　　　　IP Address. . . . . : 192.168.1.6
　　　　Subnet Mask . . . . : 255.255.255.0
　　　　Default Gateway . . . . : 192.168.1.1

2）用 ping 命令测试，从 PC1 测试 PC2。

C:\Documents and Settings\Administrator>ping 192.168.2.11
Pinging 192.168.2.11 with 32 bytes of data:
Request timed out.
Request timed out.
Request timed out.
Request timed out.
Ping statistics for 192.168.2.11:
Packets: Sent = 4, Received = 0, Lost = 4 (100% loss)

3）用 ping 命令测试，从 PC1 测试 PC3。

C:\Documents and Settings\Administrator>ping 192.168.3.14
Pinging 192.168.3.14 with 32 bytes of data:
Request timed out.
Request timed out.
Request timed out.
Request timed out.
Ping statistics for 192.168.3.14:
Packets: Sent = 4, Received = 0, Lost = 4 (100% loss),

可见，学生机不能访问其他网络，实现学生网的隔离。

4）用 ping 命令测试，从 PC2 测试 PC3。

C:\Documents and Settings\Administrator>ping 192.168.3.14
Pinging 192.168.3.14 with 32 bytes of data:
Reply from 192.168.3.14: bytes=32 time=1ms TTL=127
Reply from 192.168.3.14: bytes=32 time<1ms TTL=127
Reply from 192.168.3.14: bytes=32 time<1ms TTL=127
Reply from 192.168.3.14: bytes=32 time<1ms TTL=127
Ping statistics for 192.168.3.14:

```
        Packets: Sent = 4, Received = 4, Lost = 0 (0% loss),
    Approximate round trip times in milli-seconds:
        Minimum = 0ms, Maximum = 1ms, Average = 0ms
    C:\Documents and Settings\Administrator>
```

可见，办公网与教师网仍然可以互联互通。

注意事项

1）访问控制列表的列表号，指出是哪种协议的访问控制列表，即每种协议（IP、IPX 等）定义一个访问控制列表。

2）一个访问控制列表的配置是每协议、每接口、每方向的。每种协议可以定义进出两个访问控制列表。

3）访问控制列表的顺序决定了对数据包的控制顺序。

4）在访问控制列表的最后，有一条隐含的"全部拒绝"命令，因此在控制列表里至少有一条"允许"语句。

5）访问控制列表只能过滤穿过路由设备的数据流量，不能过滤路由设备本身发出的数据包。

实训报告

请参见配套的电子教学资源包，并填写其中的实训报告。

项目 8　路由器的初始配置与管理

不同网络之间的连接主要是靠路由器来完成的,路由器对于普通人来说可能比较陌生,甚至感觉神秘,其实只要通过学习,就能掌握基本的路由知识及路由器的基本配置。通过本部分的学习,读者能够对路由器有基本了解,同时能对路由器进行最基本的配置。

学习目标

- 路由器的基本配置
- Telnet 方式管理路由器
- 系统升级和配置文件备份、还原
- 路由器 enable 密码丢失的解决方案

任务 1　路由器的基本配置

路由器提供了将异构网互联的机制,实现将一个数据包从一个网络发送到另一个网络。路由就是指导 IP 数据包发送的路径信息。目前生产路由器的厂商比较多,比如 CISCO、Juniper、北电、华为、神州数码、锐捷等,各个厂商的路由器都各有特色,但基本功能都相同。我们可以选择某个厂商的产品进行学习,重点学习路由的原理。掌握了路由的原理后,再对路由器进行配置学习。然后就可以很容易地配置其他厂商的路由器了。

任务需求

信息学校的计算机机房需要和学校校园网连通,在连接不同网络时就需要用到路由器。现在需要对机房这台路由器进行基本的配置,以便为下一步连接校园网的配置打下基础。

任务分析

在完成路由器基本配置之前,需要了解路由器的基本原理和一些基本配置。

知识准备

1. 路由器的外观及接口介绍

各类路由器如图 8-1～图 8-3 所示。

图 8-1　CISCO 3845 路由器外观

图 8-2　CISCO 7301 路由器外观

图 8-3　CISCO 2610 路由器外观及接口

路由器 console 口：本地用户通过 console 口进行配置。通过 console 口，人们利用超级终端软件就可以对路由器进行调试。

路由器以太网接口：用于连接以太网，接口名称如 f0/1，f1/0。

路由器广域网接口：用于连接广域网，用串行电缆进行连接，接口名称如 s0/1，s1/1。

2．路由器的组成（见图 8-4）

图 8-4　路由器的组成

1）RAM（随机存储器）：执行包缓存，运行当前的配置文件和 CISCO IOS，存储路由表的地方。

2）ROM（只读存储器）：执行 POST（加电自检），ROM 监控模式，MINI IOS（Rxboot）存储的地方。

3）NVRAM（非易失性随机存储器）：存储备份配置，配置寄存器（config register）的地方。

4）Flash（闪存）（Flash Memory）：可擦除、可编程的 ROM，用于存放路由器的 IOS，Flash 的可擦除特性允许更新、升级 IOS 而不用更换路由器内部的芯片。路由器断电后，Flash 的内容不会丢失。Flash 容量较大时，就可以存放多个版本 IOS。

5）非易失性 RAM（NonVolatile RAM）：用于存放路由器的配置文件，路由器断电后，NVRAM 中的内容仍然保持。NVRAM 包含的是配置文件的备份。

CISCO 2500 直接从 Flash 中运行 IOS 不需要调到 RAM 中，所以 CISCO 2500 的 Flash 处于只读状态。我们可以使用 boot system 并用 TFTP 服务器启动 CISCO 2500，就可以对 Flash 执行读/写操作了。

3．路由器的基本功能

路由器是一种工作在 OSI 参考模型中第三层即网络层的设备，负责在两个网络之间接收帧并继续传输数据。路由器在转发数据时，首先查看数据包中的目的 IP 地址，然后根据路由器中的路由表进行路由条目的查找，当找到一条匹配条目后，会根据该路由条目对该数据包进行转发。在转发帧时需要改变帧中的物理地址，但数据包中的目的 IP 地址一直不会被路由器更改。

路由器的基本功能如下：

1）在网络间接收数据，并进行转发。

2）为数据在不同网络之间提供最佳的路径（根据路由器的配置，可能不是最佳的路径）。

3）路由器可以隔离不同网络，起到了抑制广播风暴的作用。

4）路由器中有一张路由表，路由器在转发数据时会首先查看路由表，在路由表中找到匹配项，然后根据匹配项对数据包进行转发。

5）路由器实现协议的转换，可以连接异构网络（实现不同协议、不同体系结构网络的互联能力）。

4. 路由器的启动过程

1）完成 POST（加电自检）。

2）装载和运行 Bootstrap（自举）代码。

3）发现 CISCO IOS 软件。

4）装载 CISCO IOS 软件。

5）寻找路由器的配置文件。

6）装载路由器的配置文件。

7）如果上述正确完成，那么启动完毕。

上面介绍了路由器启动过程的 7 个步骤，我们可以简单地把启动过程说成 3 个步骤。

1）打开电源时，路由器首先测试它的硬件（包括内存和接口）。

2）查找和加载 IOS 映像，即路由器的操作系统。

3）在正常工作之前，路由器需要找到它的配置信息并使用它。

设备环境

1）一台交换机（本任务交换机不用进行任何配置，所以可以是非网关交换机，只起到连接计算机与路由器的作用）。

2）一台计算机。计算机主要目的是为了对路由器进行基本配置和简单的连通性测试，所以计算机需要有串口。目前多数台式机还有串口，但比较多的笔记本电脑没有串口，但为了调试 CISCO 的路由器，又需要有串口。这个矛盾就给经常出差进行路由器调试的工作人员带来不方便，解决问题的方法是买一个 USB 转串口的转换器。这样可以通过笔记本电脑的 USB 接口连接 console 线缆到路由器的控制端口。

任务描述

1）计算机和路由器进行物理连接，通过计算机串口连接路由器的 Console 口。

2）对路由器进行简单的配置，配置路由器名称，设置通过 CONSOLE 方式登录路由器的超时时间。

3）配置路由器 f0/1 接口的 IP 地址为 192.168.0.254/24。

4）配置路由器的特权模式密码。

任务实施

1. 计算机和路由器进行物理连接

1）把计算机的串口和路由器的 Console 口连接，用 Console 线缆进行连接。CISCO 的路由器的 Console 线缆一般是一端为 9 针的头，另一端为 RJ45 水晶头的形式，有的厂家的路由器，如神州数码中某些型号路由器为两端均为 9 针的形式。

2）单击"开始"，选择"所有程序"→"附件"→"通讯"→"超级终端"，打开如图 8-5 所示的窗口。

随后出现一个"连接描述"对话框，我们需要输入一个该连接的名称，并单击"确定"按钮。

3）打开"连接到"对话框，如图 8-6 所示。设置使用的端口。本例中，因为采用的是 USB 转串口的转换器，所以选择 COM5 口。单击"确定"按钮，出现"COM5 属性"对话框，如图 8-7 所示。

图 8-5 "连接描述"对话框

图 8-6 "连接到"对话框

4）设置连接属性。在如图 8-7 所示的"COM5 属性"对话框中，对每秒位数，数据位，奇偶校验、停止位、数据流控制等参数进行设置。

5）单击"还原为默认值"按钮，使每秒位数，数据位等参数还原为默认值，如图 8-8 所示。

6）单击"确定"按钮，完成超级终端的设置工作。在超级终端窗口中显示路由器的调试、配置界面，如图 8-9 所示。

图 8-7 "COM5 属性"对话框　　　　　　　　图 8-8　COM5 还原为默认值

图 8-9　利用"超级终端"对路由器调试、配置

2. 对路由器进行简单的配置

使用超级终端连接路由器，成功连接后会出现"R>"的提示符，说明处于用户模式，在用户模式下，只可以做一些简单的操作，如查看版本信息等。如图 8-10 所示。

图 8-10　用户模式

在用户模式及其他所有模式下输入"？"，可以查看当前状态下的可行命令。

```
R>?
Exec commands:
    access-enable    Create a temporary Access-List entry
    access-profile   Apply user-profile to interface
    clear            Reset functions
    connect          Open a terminal connection
    disable          Turn off privileged commands
```

```
disconnect          Disconnect an existing network connection
enable              Turn on privileged commands
exit                Exit from the EXEC
help                Description of the interactive help system
lock                Lock the terminal
login               Log in as a particular user
logout              Exit from the EXEC
modemui             Start a modem-like user interface
mrinfo              Request neighbor and version information from a multicast
                     router
mstat               Show statistics after multiple multicast traceroutes
mtrace              Trace reverse multicast path from destination to source
name-connection    Name an existing network connection
pad                 Open a X.29 PAD connection
ping                Send echo messages
ppp                 Start IETF Point-to-Point Protocol (PPP)
--More--
```

当内容较多，屏幕显示不完整时，会分屏显示，在超级终端该屏最下面出现"—More—"。我们可以按任意键，进入下一屏。

```
modemui             Start a modem-like user interface
mrinfo              Request neighbor and version information from a multicast
                     router
mstat               Show statistics after multiple multicast traceroutes
mtrace              Trace reverse multicast path from destination to source
name-connection    Name an existing network connection
pad                 Open a X.29 PAD connection
ping                Send echo messages
ppp                 Start IETF Point-to-Point Protocol (PPP)
resume              Resume an active network connection
rlogin              Open an rlogin connection
show                Show running system information
slip                Start Serial-line IP (SLIP)
systat              Display information about terminal lines
telnet              Open a telnet connection
terminal            Set terminal line parameters
traceroute          Trace route to destination
tunnel              Open a tunnel connection
udptn               Open an udptn connection
where               List active connections
x28                 Become an X.28 PAD
x3                  Set X.3 parameters on PAD

R>
```

　　输入 en 命令，进入特权模式，在特权模式下，可以对路由器进行很多重要操作。因为特权模式下权限比较大，所以一般都需要对进入特权模式设置密码，后面我们会讲到如何设置特权模式密码。

```
R>en
R#
```

　　进入特权模式后，出现"R#"的提示符，"#"提示符说明目前处于特权模式。

　　输入 shou run 命令来查看版本信息。

```
R#show run
Building configuration...

Current configuration : 1021 bytes
!
version 12.3
service timestamps debug datetime msec
service timestamps log datetime msec
no service password-encryption
!
hostname R
!
boot-start-marker
boot-end-marker
!
no logging buffered
!
username zyh privilege 15 secret 5 $1$Yzx6$7X7oKOT7krWKCx3yHKTY60
clock timezone Beijing 8
no network-clock-participate slot 1
no network-clock-participate wic 0
aaa new-model
!
!
aaa session-id common
ip subnet-zero
ip cef
!
!
!
no ip domain lookup
no ftp-server write-enable
!
!
!
!
interface FastEthernet0/0
```

```
      no ip address
      shutdown
      duplex auto
      speed auto
    !
    interface FastEthernet0/1
      ip address 192.168.0.1 255.255.255.0
      shutdown
      duplex auto
      speed auto
    !
    !
    ip nat pool bjsm 10.63.169.234 10.63.169.236 netmask 255.255.255.192
    ip nat inside source list 1 pool bjsm overload
    no ip classless
    ip http server
    ip http authentication local
    ip http timeout-policy idle 120 life 86400 requests 86400
    !
    !
    line con 0
      exec-timeout 0 0
      logging synchronous
    line aux 0
    line vty 0 4
      password bjsm
      transport input none
    !
    !
    !
    end
    R#
```

show run 命令是我们在对路由器进行配置时，最经常用到的命令。通过 show run 命令可以得到路由器的当前配置信息。

version 12.3：ISO 的版本号

interface FastEthernet0/0 接口信息

interface FastEthernet0/1 接口信息

输入 conf terminal 进入到全局配置模式，也可只输入 conft，而不把 terminal 完整输入，CISCO 交换机和路由器在配置时，都可以只输入命令的一部分，只要不会产生歧异即可。也可以对用户操作进行正确识别，或者输入一个命令的前几个字母，然后按<TAB>键，系统会自动补全单词。

```
R#conf   terminal
R(config)#       （进入到路由器的特权模式）
```

R(config)#hostname R2610   （给路由器命令，通过给路由器重命名，可以很清晰地知道当前所配置的是哪台路由器，这在同时配置多台路由器时很有好处）

R2610(config)#banner "bjsm "   （配置路由器的标识，下一次进入路由器时会提示 banner 的内容）

R2610(config)#line con   （进入到控制台线路，也就是通过 console 口登录路由器的方式）

R2610(config-line)#exec-timeout 0 9   （设置通过 console 方式登录路由器的超时时间。设定控制台的超时时间;第一个是分钟,第二个是秒;注意千万不要输入 no exec 命令,否则就永远进入不到配置模式中了,如果发生了,把寄存器改为 0x2142 即可）

R2610(config-line)#logging synchronous   （重新显示中断的控制台输入,在输入命令时,经常会有一些控制台消息打断你的输入，所以输入这条命令就会解决这个问题）

R2610(config-line)#exit   （退到当前所处管理层次的下一层）

R2610(config)#end   （无论在何种模式下，何种层次下，输入 end 都会退回到特权模式）

R2610#write   （把当前的配置信息写到路由器中，如果不进行写操作，重启路由器后，当前所进行的配置工作都将丢失）

　　3. 对路由器接口进行配置

　　在路由器的全局配置模式下，可以对全局进行配置，如配置路由器的名字，访问控制列表等，如果要对路由器中的具体接口（包括以太接口、S 接口）进行配置，就需要进入到接口配置模式下进行。

R2610(config)#int f0/1   （进入接口配置模式）

R2610(config-if)#ip address 192.168.0.254 255.255.255.0   （配置 F0/1 接口 IP 地址）

R2610(config-if)#no shutdown   （使接口开启）

R2610(config-if)# description "inside network"   （给接口设置描述信息，以便管理员更清楚地明白该接口的作用，一般只写些简单的提示信息，提示该接口的作用，字符不宜设置过长）

R2610(config-if)#speed ?

　　10　　Force 10 Mbit/s operation

　　100　　Force 100 Mbit/s operation

　　auto　Enable AUTO speed configuration

（speed 命令设置该接口的速率，10Mbit/s、100Mbit/s 和 auto（自适应）。一般选择 auto 比较方便，路由器接口可以根据连接的其他设备的接口速率而自动设置速率）

R2610(config-if)#speed auto   （设置接口速率为自适应）

R2610(config-if)#end   （退到特权模式）

R2610#show interfaces f0/1   （通过命令 show interfaces 接口来查看接口信息）

FastEthernet0/1 is up, line protocol is up

　　Hardware is AmdFE, **address is 0012.01f5.e561** (bia 0012.01f5.e561)

　　Description: "inside network"

　　Internet address is **192.168.0.254/24**

　　MTU 1500 bytes, BW 100000 Kbit, DLY 100 usec,

　　　　reliability 255/255, txload 1/255, rxload 1/255

　　Encapsulation ARPA, loopback not set

　　Keepalive set (10 sec)

　　Full-duplex, 100Mb/s, 100BaseTX/FX

　　ARP type: ARPA, ARP Timeout 04:00:00

　　Last input 00:00:21, output 00:00:05, output hang never

　　Last clearing of "show interface" counters never

```
Input queue: 0/75/0/0 (size/max/drops/flushes); Total output drops: 0
Queueing strategy: fifo
Output queue: 0/40 (size/max)
5 minute input rate 0 bits/sec, 0 packets/sec
5 minute output rate 0 bits/sec, 0 packets/sec
    8 packets input, 3112 bytes
    Received 8 broadcasts, 0 runts, 0 giants, 0 throttles
    0 input errors, 0 CRC, 0 frame, 0 overrun, 0 ignored
    0 watchdog
    0 input packets with dribble condition detected
    43 packets output, 4958 bytes, 0 underruns
0 output errors, 0 collisions, 1 interface resets
    0 babbles, 0 late collision, 0 deferred
    3 lost carrier, 0 no carrier
    0 output buffer failures, 0 output buffers swapped out
R2610#
```

从上面显式的信息中，我们可以看到该接口的很多信息，对调试、配置路由器有很大作用，我们现在对基本信息做个介绍。

FastEthernet0/1 is up, line protocol is up

FastEthernet0/1 is up 第一个参数指的是物理层，它主要反映了这个接口是否从对端接收到载波信号，换句话说，如果是处于 down 状态，说明该接口没有和其他设备通过线缆连接好。

line protocol is up 指的是数据链路层，它主要反映了数据链路层协议的 KEEPALIVE（保持活跃）包是否被收到。

如果这两个参数都是 UP，则表示连接是可操作状态。

如果是 UP　DOWN 状态，表示存在连接问题：没有设时钟，错误的封装、没有 KEEPALIVES 或 KEEPALIVE 不一样。

如果是 DOWN　DOWN，表示电缆没有接上、电缆损坏，或接口控制器损坏。

```
R2610#show interfaces f0/1 stat
FastEthernet0/1
        Switching path    Pkts In    Chars In    Pkts Out    Chars Out
           Processor          9        3501          53         5822
         Route cache          0           0           0            0
               Total          9        3501          53         5822
R2610#
```

查看 F0/1 接口的状态

```
R2610#show interfaces f0/1    summary
*: interface is up
IHQ: pkts in input hold queue     IQD: pkts dropped from input queue
OHQ: pkts in output hold queue     OQD: pkts dropped from output queue
RXBS: rx rate (bits/sec)           RXPS: rx rate (pkts/sec)
```

```
TXBS: tx rate (bits/sec)              TXPS: tx rate (pkts/sec)
TRTL: throttle count


  Interface                 IHQ    IQD    OHQ    OQD    RXBS RXPS    TXBS TXPS TRTL
--------------------------------------------------------------------
* FastEthernet0/1            0      0      0      0      0      0      0     0     0
NOTE:No separate counters are maintained for subinterfaces
      Hence Details of subinterface are not shown
R2610#show interfaces summary

 *: interface is up
 IHQ: pkts in input hold queue        IQD: pkts dropped from input queue
 OHQ: pkts in output hold queue        OQD: pkts dropped from output queue
 RXBS: rx rate (bits/sec)              RXPS: rx rate (pkts/sec)
 TXBS: tx rate (bits/sec)              TXPS: tx rate (pkts/sec)
 TRTL: throttle count


  Interface                 IHQ    IQD    OHQ    OQD    RXBS RXPS    TXBS TXPS TRTL
--------------------------------------------------------------------
  FastEthernet0/0            0      0      0      0      0      0      0     0     0
* FastEthernet0/1            0      0      0      0      0      0      0     0     0
NOTE:No separate counters are maintained for subinterfaces
      Hence Details of subinterface are not shown
R2610#
```

为了使计算机可以和路由器通信，需要配置计算机的 IP 地址，它和路由器的 F0/1 接口地址在同一网段，如图 8-11 所示。

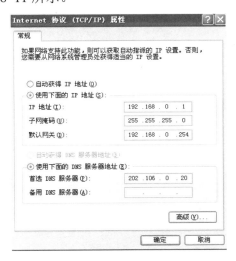

图 8-11 用户计算机 IP 地址设置

在路由器上 ping 计算机。

R2610#ping 192.168.0.1

Type escape sequence to abort.

Sending 5, 100-byte ICMP Echos to 192.168.0.1, timeout is 2 seconds:

!!!!!

Success rate is 100 percent (5/5), round-trip min/avg/max = 1/2/4 ms

R2610#

　　！说明测试通过，网络连通。

　　测试到达远端设备的连通性和所经过的路径

　　下面说一下 PING 可能出现的情况：

　　"."：表示等待答复时超时。

　　"U"：表示目标不可达，因为接收到错误的 PDU（协议数据单元）。

　　"Q"：表示源抑制（可能是目的太忙）。

　　"M"：表示分组不能分段。

　　"?"：表示未知的分组类型。

　　注意：如果你做 TRACE（路径跟踪）时，路由器会做地址的域名解析，所以需要使用 no ip domain-lookup 命令关闭解析功能,否则速度太慢。

　　4．配置路由器的特权模式密码

　　在特权模式下，用户权限比较大，如果有人登录到路由器，就可以做任意的配置、破坏，给网络带来巨大的危险。下面将介绍如何设置进入到特权模式的密码，以提高路由器的安全性。

R2610#conf t

R2610(config)#enable password 123456　　　　（设置进入特权模式的密码）

R2610#show run

Building configuration...

Current configuration : 1090 bytes

!

version 12.3

service timestamps debug datetime msec

service timestamps log datetime msec

no service password-encryption

!

hostname R2610

!

boot-start-marker

boot-end-marker

!

no logging buffered

enable password 123456　　　　（可以看到，在配置文件中，密码 123456 以明文形式存储）

!

结果验证

1）通过计算机 ping 路由器的接口，验证计算机与路由器的连通性，如果没有丢包说明连通性较好。

2）通过超级终端登录路由器，使用 show run，show interfacef0/1 命令查看配置信息，使用 ping 命令测试与计算机的连通性，如果在显示结果中出现"！"号，则说明路由器与计算机连通。

注意事项

1）各厂商的路由器的配置命令有所不同，有基于 CLI 方式，有基于菜单方式（如华为 3Com 的某些设备），有基于 Web 方式的。

2）路由器基于上下文的帮助。

EXEC 会话中的"？"可以为用户提供帮助。直接使用"？"可以获得相应模式下所支持的命令列表，还可以在问号前面加上特殊的字母，以获得更详细的命令列表，例如，在提示符下输入"s？"，路由器将显示以字母"s"开头的所有命令。

当对某个命令的使用方法不熟悉时，也可以使用"？"来帮助，例如，想对 show 命令进行进一步了解，可以输入"show？"以获得帮助。

3）使用命令简化方式。

CISCO IOS 提供了良好的命令简化功能，例如，可以将 show interface 简写为"sh int"，在对路由器进行操作时就不必将命令写全。这个功能大大简化了用户的操作（不建议初学者使用此功能）。

还有一种简化命令输入的方法——使用<Tab>键。当输入了命令的一部分字母时，如果按<Tab>键，IOS 软件会自动补齐此命令剩余的字母（当然，已输入的那部分字母要足以使命令惟一，否则不会产生任何作用）。

4）IOS 版本不同，所提供的功能也不尽相同，我们可以通过"？"方式查看当前 IOS 版本状态下的所有命令。

实训报告

请参见本书配套的电子教学资源包，并填写其中的实训报告。

任务 2　Telnet 方式管理路由器

在任务 1 中是通过路由器的 Console 口对路由器进行管理的。通过 Console 口这种方式能对路由器进行各种配置、管理工作，但如果网络管理员与路由器物理位置比较远，这种方式就不方便了。这时可以通过设置路由器的 Telnet 功能，使得网络管理员可以通过网络远程访问、配置、管理路由器。通过 Telnet 方式管理路由器在日常工作中应用非常普遍。

信息学校网络中心把路由器放在学校网络中心机房的机柜内，机柜内有路由器、防火墙和 5 台交换机。管理员平时的办公桌不在机房内，现需要管理员通过 Telnet 方式访问路由器进行管理、配置。

任务分析

一般企业的网络设备都会放在机房中，机房中会放置若干个机柜，机柜中再放置各种设备，如路由器、交换机、防火墙、服务器等。机房一般会保持恒定的温度和湿度，并配有 UPS 不间断电源供电。在一般情况下，管理员对设备（路由器、交换机）和服务器的管理都是通过远程方式进行的，只有一些特殊的操作（远程方式无法实现）才会到机房操作设备。所以对路由器开启 Telnet 功能是十分必要的。

知识准备

1. Telnet 简介

Telnet 是 TCP/IP 族中的一员，是 Internet 远程登录服务的标准协议和主要方式。它为用户提供了在本地计算机上完成远程主机工作的能力。在终端使用者的计算机上使用 Telnet 程序，用它连接到服务器。终端使用者可以在 Telnet 程序中输入命令，这些命令会在服务器上运行，就像直接在服务器的控制台上输入一样，这样在本地就能控制服务器。若要开始一个 Telnet 会话，则必须输入用户名和密码来登录服务器。Telnet 是常用的远程控制 Web 服务器的方法。

2. Telnet 工作过程

使用 Telnet 进行远程登录时需要满足以下条件：在本地计算机上必须装有包含 Telnet 的客户程序；必须知道远程主机的 IP 地址或域名；必须知道登录标识与密码。

Telnet 远程登录服务分为以下 4 个过程：

1）本地与远程主机建立连接。该过程实际上是建立一个 TCP 连接，用户必须知道远程主机的 IP 地址或域名。

2）将本地终端上输入的用户名和密码，以及以后输入的任何命令或字符都传送到远程主机。该过程实际上是从本地主机向远程主机发送一个 IP 数据包。

3）将远程主机输出的数据转化为本地所接收的格式送回本地终端，包括输入命令回显和命令执行结果。

4）最后，本地终端对远程主机进行撤销连接。该过程是撤销一个 TCP 连接。

设备环境

1）一台具有最少一个以太接口的路由器。

2）一台计算机、用于调试路由器和通过 Telnet 方式访问路由器。

3）网线若干。

4）交换机一台（本任务也可以不用交换机，把计算机的网卡和路由器的以太接口相连接）。

任务描述

1）绘制拓扑图，要求路由器 R1 的 f0/1 接口连接交换机，计算机连接交换机。

2）配置路由器以太网接口 IP 地址，要求路由器 R1 的 f0/1 接口的 IP 地址为 192.168.0.254/24。

3）配置路由器密码及开启 Telnet 访问，要求使能密码为 zyh, Telnet 密码为 bjsm。

4）通过 Windows 操作系统 Telnet 命令访问路由器。

5）通过 Telnet 客户端软件 SecureCRT 访问路由器。

任务实施

1．绘制拓扑图（见图 8-12）

图 8-12　Telnet 方式管理路由器拓扑图

2．配置路由器的以太网接口 IP 地址

```
r2610#conf t
r2610(config)#int f0/1
r2610(config-if)#ip address 192.168.0.254 255.255.255.0
r2610(config-if)#no shutdown
r2610(config-if)#end
    r2610#
```

3．配置路由器密码及开启 Telnet 访问

```
r2610#conf t
r2610(config)#line vty 0 4
r2610(config-line)#password bjsm
r2610(config-line)#login
r2610(config-line)#exit
r2610(config)#enable password zyh
r2610(config)#
```

4. 通过 Windows 操作系统 Telnet 命令访问路由器

在命令行输入 telnet 192.168.0.254 命令，即可通过 Telnet 方式访问路由器。

5. 通过 Telnet 客户端软件 SecureCRT 访问路由器

Telnet 客户端软件较多，我们以 SecureCRT 为例进行说明。软件安装过程较为简单，此处就不再赘述。

1）单击桌面"SecureCRT"快捷方式图标，如图 8-13 所示。

2）打开 SecureCRT 软件，单击"文件"菜单，选择"快速连接"，如图 8-14 所示。打开"快速连接"对话框，如图 8-15 所示。

3）在协议文本框中输入"Telnet"方式，在主机名文本框中输入"192.168.0.254"，如图 8-16 所示。

图 8-13　SecureCRT 快捷方式图标

图 8-14　选择文件菜单

图 8-15　"快速连接"对话框

图 8-16　快速连接设置

4）单击"连接"按钮，登录到路由器，如图 8-17 所示。

图 8-17　SecureCRT 软件界面

结果验证

1）通过操作系统 Telnet 命令直接访问路由器，Telnet 192.168.0.254，输入密码 bjsm 完成登录，当出现 r2610>提示符时运行 enable 命令，输入说明路由器 telnet 配置正确。

2）从计算机 Telnet 到路由器后，在路由器 ping 192.168.0.1，如果在路由器显示" ! "号，说明路由器与计算机连通。

注意事项

1. 如果无法从计算机上 ping 路由器，依照下面步骤检查

1）检查计算机、交换机和路由器之间的线缆连接。

2）检查计算机的 IP 地址是否正常。

3）ping 192.168.0.1。

4）在路由器上 ping 计算机的 IP 地址（ping 192.168.0.1）。

5）查看路由器的以太网口的情况。

Show interface f0/1

2. 注意在开启路由器 Telnet 功能时，使用的是 line vty 0 4

实训报告

请参见本书配套的电子教学资源包，并填写其中的实训报告。

任务 3 还原配置文件和系统升级

处于安全方面的考虑，可以对路由器 IOS 文件进行备份，以便在 IOS 文件出现问题时恢复路由器的 IOS 文件。一般使用 TFTP 方式备份路由器的 IOS 文件。在工作中也需要把配置文件进行备份，以备路由器配置出现问题时快速还原。

任务需求

信息学校网络中心路由器是学校连接互联网的出口，需要保证在工作时间内正常、稳定、高效地运行，一旦路由器出现问题，学校的教学工作就不能正常开展。但是由于各种偶然因素和人为破坏，任何网络设备都不能做到 100%的安全，因此我们需要在做好其他网络安全防护的同时，也要经常对路由器中的 IOS 文件、配置文件进行备份并能在需要的时候进行还原。

任务分析

信息学校网络中心为了提高路由器的安全性，需要对 IOS 文件和配置文件进行备份，并能在需要的时候快速恢复。首先管理员分析学校路由器能承担因网络中断而带来的损失（主要是教学上能接收的因网络中断带来的损失），然后指定备份策略，路由器的备份策略

相对简单，主要指定多长时间对路由器的 IOS 文件和配置文件进行备份。

知识准备

1. 路由器的 3 种操作环境

操作环境	提示符	用　　途
ROM monitor	> or ROMMON>	失败或者密码恢复
Boot Rom	Router（boot）>	Flash　Image 升级
CISCO ISO	Router>	日常操作、配置

2. IOS 的作用

1）提供基本的路由管理功能。

2）提供网络访问的可靠性和安全性。

3）提供网络可测量性。

4）提供路由器的可操作性。

3. CISCO IOS 命名规则解释

以 c2500-is-l.121-27.bin 为例进行说明。

c2500：指 2500 系列路由器。

121-27：主版本号为 12.1，维护了 27 次。

CISCO IOS 软件命名规则一般为下面形式：

AAAAA-BBBB-CC-DDDD.EE。

AAAAA：说明文件所适用的硬件平台。

BBBB：这组字符是说明这个 IOS 中所包含的特性。

CC：CC 这组字符是 IOS 文件格式。

第一个"C"指出映像在哪个路由器内存类型中执行。

第二个"C"说明如何进行压缩。

DDDD：指出 IOS 软件版本。

EE：是 IOS 文件的后缀。

4. TFTP 服务介绍

简单文件传送协议（TFTP）就是为传送这些文件而设计的。它很简单，以致其软件包能够放入无盘工作站的只读存储器中。它用于引导时，TFTP 可以为客户读或写文件。读表示服务器端把文件复制到客户端；写表示从客户端把文件复制到服务器端。TFTP 在熟知端口 69 上使用 UDP 服务。

5. IOS 文件管理

IOS 文件管理包括备份 IOS、升级 IOS 和恢复 IOS。

处于安全方面考虑，可以对路由器的 IOS 文件进行备份，以便在不小心删除了 IOS 文件时恢复路由器的 IOS 文件。一般使用 TFTP 方式备份路由器的 IOS 和恢复路由器的 IOS 文件。

为了修复安全漏洞,提高路由器的安全性,有时候要升级 IOS。IOS 文件可以从 CISCO 公司获得。

设备环境

1)一台 CISCO 路由器,以 CISCO 2610 为例进行说明。

2)一台计算机。

3)网线,用于连接路由器的以太网口和计算机网络接口。

4)控制线,用于计算机通过路由器 Console 口对路由器进行配置、调试。

任务描述

1)TFTP 服务器配置及使用,安装 CISCO 的 TFTP 服务器,并设置主目录。

2)配置文件的备份,把路由器上的 running-config 文件备份到计算机中,位置要求是 TFTP 服务器的主目录。

3)配置文件的还原,把计算机中已经备份的 running-config 文件还原到路由器中。

4)备份 IOS 文件,把路由器的 IOS 文件备份到计算机的硬盘中,备份位置要求是 TFTP 服务器的主目录。

5)恢复 IOS 文件,从计算机中把备份的路由器的 IOS 文件恢复到路由器中。

任务实施

1. TFTP 服务器配置及使用

1)TFTP 服务器软件有很多种,本任务以 CISCO 的 TFTP 服务器软件为例进行说明。该软件是 CISCO 公司免费提供的,为了读者更容易阅读,使用了汉化版。使用时可直接双击 TFTPServer.exe 文件,即运行了 TFTP 服务器,如图 8-18 所示。

2)单击"查看"选项卡,在其下拉菜单中选择"选项"菜单项,打开"选项"对话框,如图 8-19 所示。

3)在图 8-19 中,更改 TFTP 服务器根目录。

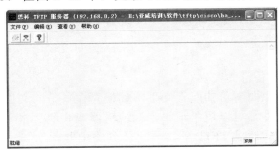

图 8-18　TFTP 服务器

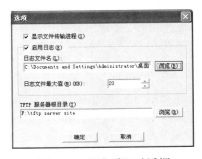

图 8-19　"选项"对话框

4)为了保证路由器和计算机能够通信,配置路由器接口和计算机 IP 地址。

r2610#conf t

```
r2610(config)#int f0/1
r2610(config-if)#ip address 192.168.0.1 255.255.255.0
r2610(config-if)#no shu
```

5）更改计算机 IP 地址，如图 8-20 所示。

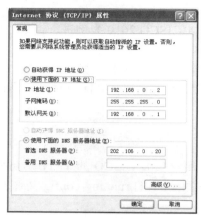

图 8-20　更改 IP 地址

6）测试计算机和路由器的连通性。

```
r2610#ping 192.168.0.1

Type escape sequence to abort.
Sending 5, 100-byte ICMP Echos to 192.168.0.2, timeout is 2 seconds:
!!!!!
Success rate is 100 percent (5/5), round-trip min/avg/max = 1/1/4ms
r2610#
```

2．配置文件的备份

1）在路由器上对配置文件进行备份。

```
r2610#copy running-config tftp:
Address or name of remote host []? 192.168.0.2      （输入 TFTP 服务器的 IP 地址）
Destination filename [r2610-confg]?    （复制到 TFTP 服务器上的文件名。如果不输入，则用默认的文件名）
!!
1062 bytes copied in 3.934 secs (270 bytes/sec)
r2610#
```

2）在计算机上利用资源管理器查看所备份的文件。

在计算机 TFTP 服务器的根目录查看上面备份的配置文件，如果存在备份的文件，说明备份操作成功。找到 running-config 文件，可以用"记事本"编辑器或其他文字编辑程序打开该文件，对这个文件进行编辑，然后通过 TFTP 的方式再传到路由器。

3．配置文件的还原

1）从 Startup-config 文件恢复。

```
r2610#copy startup-config running-config
```

2）从 TFTP 服务器恢复。

r2610#**copy tftp running-config**　　（从 TTFP 服务器复制配置文件）

Address or name of remote host []? **192.168.0.1**　　（输入远程 TFTP 服务器 IP 地址）

Source filename []? **r2610-confg**　　（输入远程 TFTP 服务器上要进行还原的配置文件的文件名）

Destination filename [running-config]?　　（输入要复制到路由器上的目标文件名，默认为 running-config，按<Enter>键，系统会以默认文件名复制到路由器上）

Accessing tftp://192.168.0.1/r2610-confg...

Loading r2610-confg from 192.168.0.1 (via FastEthernet0/1): !

[OK - 1062 bytes]

　Slot is empty or does not support clock participate

　WIC slot is empty or does not support clock participate

1062 bytes copied in 10.108 secs (105 bytes/sec)

r2610#

r2610#

　　4．备份 IOS 文件

　　1）查看 IOS 文件信息。

r2610#dir flash:

Directory of flash:/

　　1　-rw-　　　9282016　　　　　　　　<no date>　c2600-ipbase-mz.123-6c.bin

　　2　-rw-　　　2079　　　　　　　　　<no date>　SDM_Backup

　　33030144 bytes total (23745920 bytes free)

　　2）备份 IOS 文件到 TFTP 服务器。

r2610#**copy flash:c2600-ipbase-mz.123-6c.bin tftp**

Address or name of remote host []? **192.168.0.1**　　（输入目标 TFTP 服务器 IP 地址）

Destination filename [c2600-ipbase-mz.123-6c.bin]?

!!

9282016 bytes copied in 55.763 secs (166455 bytes/sec)

r2610#

　　3）查看 TFTP 主目录文件，如图 8-21 所示。

图 8-21　查看 TFTP 服务器主目录

　　5．恢复 IOS 文件

　　1）从 TFTP 服务器恢复 IOS 文件。

r2610#copy tftp flash

Address or name of remote host []? 192.168.0.2　　（输入目标 TFTP 服务器 IP 地址）

Source filename []? c2600-ipbase-mz.123-6c.bin

Destination filename [c2600-ipbase-mz.123-6c.bin]?

%Warning:There is a file already existing with this name

Do you want to over write? [confirm]

Accessing tftp://192.168.0.2/c2600-ipbase-mz.123-6c.bin...

Erase flash: before copying? [confirm]　　（在路由器复制新的 IOS 前，询问是否删除旧的 IOS 文件）

Erasing the flash filesystem will remove all files! Continue? [confirm]　　（再次进行确认）

Erasing device... eeeeeeeeeeeeeeeeeeeeeeeeeeeeeeeeeeeeeeeeeeeeeeeeeeeeeeeeeeeee

eeeeeeeeeeeeeeeeeeeeeeeeeeeeeeeeeeeeeeeeeeeeeeeeeeeeeeeeeeeeeeee ...erasedee

Erase of flash: complete

Loading c2600-ipbase-mz.123-6c.bin from 192.168.0.2 (via FastEthernet0/1): !!!!!

!!!

!!!

!!!

[OK - 9282016 bytes]

Verifying checksum...　OK (0xCFFE)

9282016 bytes copied in 123.779 secs (74989 bytes/sec)

r2610#!!!!!!!!!!!!!!!!!!!!!!!!!!!!!!!!　　（显式恢复工作完成）

2）查看路由器 Flash 中的信息。

r2610#dir flash:

Directory of flash:/

　　1　-rw-　　　9282016　　　　　　　　<no date>　　c2600-ipbase-mz.123-6c.bin

33030144 bytes total (23748064 bytes free)

r2610#

6. 升级 IOS 文件

升级 IOS 文件前，首先要获取新的高版本的 IOS 文件，然后利用 show flash 命令查看 Flash 中是否有足够的空间放置 IOS 文件。

r2610#copy tftp flash

方法同恢复 IOS 文件相同，在这里就不再讲述。

结果验证

1）在进行路由器配置文件备份后，在计算机 TFTP 服务器上查看 TFTP 根目录文件，如果存在 running-config 文件，说明路由器配置文件备份成功。

2）在计算机 TFTP 服务器根目录查看 running-config 信息，如果和路由器中用 show run 命令查看的信息一致，则说明备份过程中没有出现错误。

3）在对路由器进行 ISO 文件恢复后，利用 dir flash: 命令查看路由器 Flash 中的文件信息。

注意事项

1）路由器 IOS 文件的恢复有一定的危险性，如果在恢复过程中出现问题，后果比较严重。我们需要在路由器 IOS 文件恢复过程中保证路由器的电力供应，一般需要配备 UPS 不间断电源，防止由于停电给路由器带来的危害。

2）在路由器进行 IOS 升级前，需要查看 Flash 中的空间大小。

3）在进行配置文件的备份恢复时，需要保证路由器和计算机的连通性，备份和恢复配置文件前，需要先测试路由器和计算机的连通性。

4）TFTP 服务器的根目录保存有路由器备份的配置文件，注意计算机的防毒工作，以免病毒破坏路由器的配置文件。

实训报告

请参见本书配套的电子教学资源包，并填写其中的实训报告。

任务 4　解决路由器 enable 密码丢失的方案

前面已经讲解了路由器的一些基本配置和配置文件的备份、恢复。日常工作中经常会发生管理员由于时间过长忘记路由器密码的情况，或者由于更换网络管理人员，新的管理员不知道路由器的密码。管理员需要掌握如何解决 enable 密码丢失的问题。

任务需求

信息学校网络中心管理员需要在路由器中添加一条静态路由，这个工作十分简单，只要进入到路由器的特权模式，然后再进入到路由器的全局配置模式，即可完成。

信息学校网络建设是由一个网络公司建设和配置的。现在该公司已经破产，无法继续给信息学校提供网络维护的支持工作。学校网络管理员需要自己去维护路由器，但管理员不知道该路由器的 enable 密码，进入路由器后便无法进入到特权模式，不能对路由器进行任何的配置。

任务分析

管理员首先需要解决 enable 密码丢失的问题，这是一个非常紧迫和重要的任务。解决完密码丢失的问题后就可以在路由器中添加静态路由条目了。

知识准备

1. CISCO 路由器配置寄存器

配置寄存器是一个 16 位的虚拟寄存器，用于指定路由器启动的次序、中断参数和设置控制台波特率等。该寄存器的值通常都是以十六进制来表示的。

利用配置命令 config register 可以改变配置寄存器的值。

启动次序：配置寄存器的最后 4 位，指定的是路由器在启动时必须使用的启动文件所在的位置。

0x0000

0x0001

0x0002～0x000F 的值参照在 NVRAM 配置文件中的命令 boot system 指定的顺序。

寄存器位数	十六进制	功能描述
0～3（启动次序）	0x0000～0x000F	启动字段： 0000：停留在引导提示符下（>或者 rommon 下） 0001：从 ROM 中引导
4		没有使用
5		没有使用
6	0x0040	配置系统忽略 NVRAM 中的配置信息
7	0x0080	启动 OEM 位
8	0x0100	配置之后，暂停键在系统运行时无法使用；如果没有设置，系统会进入引导监控模式下（rommon>）
9		
10	0x0400	全 0 就是广播地址
11～12	0x0800 到 0x1800	控制台线路速度，默认值是 9600bit/s
13	0x2000	如果启动失败，系统以默认 ROM 软件启动
14	0x4000	
15	0x8000	该设置能够启动诊断消息，并忽略 NVRAM 的内容

下面介绍 2 个最典型的参数。

0x2102：路由器会查看 NVRAM 中配置的内容以确定启动次序，如果启动失败会采用默认的 ROM 软件进行启动。

0x2142：恢复密码时使用，忽略 NVRAM 配置信息。

2．路由器的工作模式

※ ROM 监控模式：路由器已启动但是没有加载任何 IOS，提示符为：>或 rommon 1>。

※ 启动模式：启动 Flash 里含有最小 IOS 启动程序，提示符为：router（boot）>。

※ 用户执行模式：加载了一份完整的 IOS 代码。

※ 特权执行模式：实现系统的设置。

※ 配置模式：可以对接口、路由器等进行设置。

设备环境

1）一台路由器，本书以 CISCO 2610 为例进行讲解。

2）一台计算机。

3）连接计算机和路由器 Console 口的控制线。

任务描述

1）在路由器启动过程中，按<Ctrl +Break>键，路由器进入 Rommon 模式。
2）修改配置寄存器的值，设置为 0x2142。
3）更改密码，设置新密码为 zyh。
4）修改配置寄存器的值，把寄存器的值更改为 0x2102。

任务实施

1. 通过超级终端登录路由器，由于忘记密码而被拒绝进入特权模式

```
r2610>en
Password:
% Access denied
r2610>
```

2. 路由器密码恢复

1）重启路由器。

2）在路由器启动过程中，按<Ctrl+Break>键，路由器进入 Rommon 模式。

```
monitor: command "boot" aborted due to user interrupt
rommon 1 >
```

3）修改配置寄存器的值。

```
confreg 0x2142        （修改配置寄存器的值为 0x2142，注意是 0，不是"o"）
```

4）重启路由器。

```
rommon 2 > reset        （重启路由器）
Router>
Router>en
```

5）查看路由器的配置信息。

```
Router# show run
Building configuration...

Current configuration : 570 bytes
!
version 12.3
service timestamps debug datetime msec
service timestamps log datetime msec
no service password-encryption
!
hostname Router
!
boot-start-marker
boot-end-marker
```

```
!
!
no network-clock-participate slot 1
no network-clock-participate wic 0
no aaa new-model
ip subnet-zero
ip cef
!
!
!
no ftp-server write-enable
!
!
!
!
interface FastEthernet0/0
 no ip address
 shutdown
 duplex auto
 speed auto
!
interface FastEthernet0/1
 no ip address
 shutdown
 duplex auto
 speed auto
!
ip classless
no ip http server
!
!
line con 0
line aux 0
line vty 0 4
!
!
!
End
```

　　从 show run 命令的输出可以看到，目前新的配置文件中仅有路由器的默认配置，以前有用的配置都丢失了。

　　6）通过 show startup-config 来查看 startup-config 文件中的内容。

```
Router#show startup-config
Using 1082 out of 29688 bytes
```

```
!
version 12.3
service timestamps debug datetime msec
service timestamps log datetime msec
no service password-encryption
!
hostname R2610
!
boot-start-marker
boot-end-marker
!
no logging buffered
!
clock timezone Beijing 8
no network-clock-participate slot 1
no network-clock-participate wic 0
!
!
ip subnet-zero
ip cef
!
!
!
no ip domain lookup
no ftp-server write-enable
!
!
!
!
interface FastEthernet0/0
 no ip address
 shutdown
 duplex auto
 speed auto
!
interface FastEthernet0/1
 description "inside network"
 ip address 192.168.0.254 255.255.255.0
 duplex auto
 speed auto
!
ip nat pool bjsm 10.63.169.234 10.63.169.236 netmask 255.255.255.192
ip nat inside source list 1 pool bjsm overload
no ip classless
```

```
    ip http server
    ip http authentication local
    ip http timeout-policy idle 120 life 86400 requests 86400
    !
    line con 0
      exec-timeout 0 0
      logging synchronous
    line aux 0
    line vty 0 4
      password bjsm
      transport input none
    !
    !
    !
    End
```

可以看到 startup-config 文件中保存以前的配置内容。

7）把 NVRAM 中的配置文件复制到内存。

```
Router#copy startup-config running-config
Destination filename [running-config]?

 Slot is empty or does not support clock participate
 WIC slot is empty or does not support clock participate
1082 bytes copied in 1.110 secs (975 bytes/sec)
R2610#
```

8）更改密码。

```
R2610#configure terminal
R2610(config)#enable password zyh
更改 enable 密码
    R2610(config)#
```

9）修改配置寄存器的值。

```
R2610(config)#config-register 0x2102
```

10）保存配置。

```
R2610#write
保存配置
Building configuration...
[OK]
R2610#
R2610#reload        （重启路由器，路由器的密码恢复工作完成）
Proceed with reload? [confirm]
```

结果验证

对路由器进行密码更改操作后，重新启动路由器，在进入特权模式时，输入新的密码，如果能进入特权模型，则说明密码更改成功。

注意事项

1）注意寄存器最常用的两个值：0×2102 和 0×2142。

0x2102：路由器会查看 NVRAM 中配置的内容以确定启动次序。

0x2142：忽略 NVRAM 配置信息。

2）路由器启动过程 60s 内，按<Ctrl+Break>键，路由器进入 Rommon 模式。

实训报告

请参见本书配套的电子教学资源包，并填写其中的实训报告。

项目 9　路由器的高级配置与管理

维护企业的局域网时，需要掌握对路由器的一些高级配置与管理。本项目以 CISCO 公司的路由器为例，对路由器的一些常用配置进行讲解。

CISCO 的路由器是 CISCO 公司最初进入市场的主要产品，CISCO 公司最初是不生产交换机的，在 CISCO 公司规模逐渐变大后，也推出了交换机产品，现在 CISCO 的路由器、交换机是市场上最为普及的产品之一。

CISCO 的路由器型号较多，如高端路由器 12000 属于电信级产品，2600 系列是定位在小企业。每种型号路由器功能不尽相同，如 2600 系列路由器不能支持 BGP 协议，高端路由器支持协议比较多，如 BGP，IS-IS 等。本项目只介绍路由器的一些基本配置，CISCO 路由器基本都可以实现这些功能。

学习目标

- 静态路由及默认路由配置
- RIP 配置
- NAT 地址转换
- 单臂路由
- 路由器综合实训
- 交换机/路由器综合实训

任务 1　配置静态路由与默认路由

路由器可以实现转发数据包功能，数据包在通过路由器进行转发时需要先查找路由器的路由表，根据路由器中路由条目找出相应的路由项，然后对数据包进行转发。在路由表中主要有静态路由和动态路由两种。静态路由是指由网络管理员手工配置的路由信息。当网络的拓扑结构或链路状态发生变化时，网络管理员需要手工去修改路由表中相关的静态路由信息。默认路由是一种特殊的静态路由，指的是当路由表中与数据包目的地址之间没有匹配的表项时路由器能够做出的选择。如果没有默认路由，那么目的地址在路由表中没有匹配表项时包将被丢弃。默认路由在某些时候非常有效，当存在末端网络时，默认路由会大大简化路由器的配置，减轻管理员的工作负担，提高网络性能。

任务需求

信息学校由于办公室计算机增多并且它们都在一个网段，造成广播数据量增大，严重的时候网速变得很慢，甚至有时候很多办公室计算机之间都不能相互访问。现在学校信息中心希望通过在各楼层架设路由器的方式隔离广播风暴，使得一个网段内计算机数量减少，从而降低广播风暴造成的影响。

任务分析

目前学校信息中心办公楼共有 3 层，每层有 50 台计算机。为了隔离广播风暴，可以把每个楼层计算机分为不同的网段，使每个楼层内的广播数据不能跨越楼层。

知识准备

1. 路由器能做什么

1）识别分组中的目的 IP 地址。
2）识别分组中的源 IP 地址——主要在策略路由中存在。
3）在路由表中发现可能的路径。
4）选择路由表中到达目标最好的路径。
5）维护和检查路由信息。
6）路由器的主要工作之一就是判定到给定目的地的最佳路径。

2. 什么是路由表

路由器转发数据包的关键是路由表。每个路由器中都保存着一张路由表，表中的每条路由项都指明数据包到某子网或某主机应通过路由器的哪个物理端口发送，通过次端口可到达该路径的下一个路由器或者传送到直接相连的网络中的目的主机。

3. 静态路由和动态路由

静态路由：由网络管理员在路由器上手工输入路由信息以实现路由的目的。
动态路由：根据网络拓扑结构或流量的变化，路由协议会自动调整路由信息以实现路由。
一般来说，静态路由很适合分支机构、SOHO 办公使用。而动态路由很适合 ISP、大型企业 WAN 互连、企业园区网络。
静态路由是一种特殊的路由，它由管理员手工配置而成。通过静态路由的配置可建立一个互通的网络，但这种配置的问题在于：当一个网络故障发生后，静态路由不会自动修正，必须有管理员的介入。静态路由无开销，配置简单，适合简单拓扑结构的网络。
当网络拓扑结构十分复杂时，手工配置静态路由的工作量大而且容易出现错误，这时就可以用动态路由协议，让其自动发现和修改路由，无需人工维护，但动态路由协议开销大，配置复杂。

设备环境

1）因为信息中心办公楼共 3 层，需要各个楼层计算机之间能相互访问，所以共需要 2 个路由器。R1（路由器1）连接1层和2层办公网络，R2（路由器2）连接2层和3层办公网络。

2）每个楼层需要有1台2层交换机（可网管交换机和非网管交换机均可），每个楼层的办公室计算机都连接到相应楼层接入交换机上，每楼层交换机连接路由器。

3）每层办公室计算机的IP地址范围。

楼层	IP 地址
1	192.168.1.0/24
2	192.168.2.0/24
3	192.168.3.0/24

任务描述

1）搭建网络，把路由器R1的F1/1接口连接SW1交换机，F1/0接口连接SW2交换机，路由器R2的F1/0接口连接SW2交换机，F1/1接口连接SW3交换机。并把PC1、PC2、PC3分别连接SW1、SW2、SW3交换机。

2）通过配置静态路由和默认路由，使得3个楼层计算机能够相互访问。

任务实施

1. 搭建网络

1层和2层之间路由器为R1，2层和3层之间路由器为R2。楼层1的计算机连接交换机SW1，楼层2的计算机连接SW2交换机，楼层3的计算机连接SW3交换机。路由器R1的F1/1接口连接到SW1交换机的1端口，路由器R1的F1/0接口连接到SW1交换机的1端口。路由器R2的F1/0接口连接到SW2交换机的2端口，路由器R2的F1/1接口连接到交换机SW3的1端口。1层计算机PC1连接到SW1交换机的3端口，2层计算机PC2连接到SW2交换机的3端口，3层计算机PC3连接到SW3交换机的3端口。每台交换机连接路由器均采用超5类网线连接，如图9-1所示。

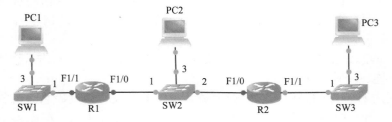

图 9-1　网络连接图

2. 通过配置静态路由，使得3个楼层计算机能够相互访问

（1）配置路由器R1的接口IP地址

```
Router>en
Router#conf  t
Router(config)#hostname R1
R1(config)#int f1/1
R1(config-if)#ip address 192.168.1.1 255.255.255.0
```

R1(config-if)#no shutdown

R1(config-if)#int f1/0

R1(config-if)#ip address 192.168.2.1 255.255.255.0

R1(config-if)#no shutdown

（2）配置路由器 R2 的接口 IP 地址

Router>en

Router#conf　t

Router(config)#hostname R2

R2(config)#int f1/0

R2(config-if)#ip address 192.168.2.2 255.255.255.0

R2(config-if)#no shutdown

R2(config-if)#int f1/1

R2(config-if)#ip address 192.168.3.2 255.255.255.0

R2(config-if)#no shutdown

R2(config-if)#

（3）配置路由器 R1 的静态路由

R1#show ip route

Codes: C - connected, S - static, R - RIP, M - mobile, B - BGP

　　　　D - EIGRP, EX - EIGRP external, O - OSPF, IA - OSPF inter area

　　　　N1 - OSPF NSSA external type 1, N2 - OSPF NSSA external type 2

　　　　E1 - OSPF external type 1, E2 - OSPF external type 2

　　　　i - IS-IS, su - IS-IS summary, L1 - IS-IS level-1, L2 - IS-IS level-2

　　　　ia - IS-IS inter area, * - candidate default, U - per-user static route

　　　　o - ODR, P - periodic downloaded static route

Gateway of last resort is not set

C　　192.168.1.0/24 is directly connected, FastEthernet1/1

C　　192.168.2.0/24 is directly connected, FastEthernet1/0

显示 R1 只有直连路由。

配置静态路由的语句及格式:

Router(config)#ip route *network*　[*mask*] {*address | interface*}[*distance*] [permanent]

1）指定到达 IP 目的网络/子网或主机的路径。

2）Permanen:此参数说明即使静态路由中涉及接口停用（down）或物理线路停用（down）的情况，这条路由仍然存在，不会从路由表中被清除。

3）Address：是指 IP 包所经由的下一个路由器的接口地址。

4）Interface：是指本路由器路由 IP 包的出口。

R1(config)#**ip route 192.168.3.0 255.255.255.0 f1/0**

（4）配置路由器 R2 的静态路由

R2(config)#**ip　route 192.168.1.0 255.255.255.0 f1/0**

（5）显示 R1 的路由表

R1#show ip route

Codes: C - connected, S - static, R - RIP, M - mobile, B - BGP

```
        D - EIGRP, EX - EIGRP external, O - OSPF, IA - OSPF inter area
        N1 - OSPF NSSA external type 1, N2 - OSPF NSSA external type 2
        E1 - OSPF external type 1, E2 - OSPF external type 2
        i - IS-IS, su - IS-IS summary, L1 - IS-IS level-1, L2 - IS-IS level-2
        ia - IS-IS inter area, * - candidate default, U - per-user static route
        o - ODR, P - periodic downloaded static route
Gateway of last resort is not set
C    192.168.1.0/24 is directly connected, FastEthernet1/1
C    192.168.2.0/24 is directly connected, FastEthernet1/0
S    192.168.3.0/24 is directly connected, FastEthernet1/0
```

路由表中显式有两种类型的路由，一种标记为 C，另一种标记为 S。标记为 S 的表示静态路由，标记为 C 的表示直连路由。

192.168.3.0/24 表示目标网络，FastEthernet1/0 指到达下一跳从哪个端口去。

（6）显示 R2 的路由表

```
R2#show ip route
Codes: C - connected, S - static, R - RIP, M - mobile, B - BGP
        D - EIGRP, EX - EIGRP external, O - OSPF, IA - OSPF inter area
        N1 - OSPF NSSA external type 1, N2 - OSPF NSSA external type 2
        E1 - OSPF external type 1, E2 - OSPF external type 2
        i - IS-IS, su - IS-IS summary, L1 - IS-IS level-1, L2 - IS-IS level-2
        ia - IS-IS inter area, * - candidate default, U - per-user static route
        o - ODR, P - periodic downloaded static route
Gateway of last resort is not set
S    192.168.1.0/24 is directly connected, FastEthernet1/0
C    192.168.2.0/24 is directly connected, FastEthernet1/0
C    192.168.3.0/24 is directly connected, FastEthernet1/1
```

（7）在 PC1 上验证与其他网段的连通性

PC1 的 IP 地址如图 9-2 所示。

配置 PC2 的 IP 地址如图 9-3 所示。

图 9-2　PC1 的 IP 地址

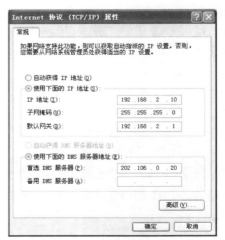

图 9-3　PC2 的 IP 地址

配置 PC3 的 IP 地址，如图 9-4 所示。

在 PC1 上验证与 PC2 的连通性，如图 9-5 所示。

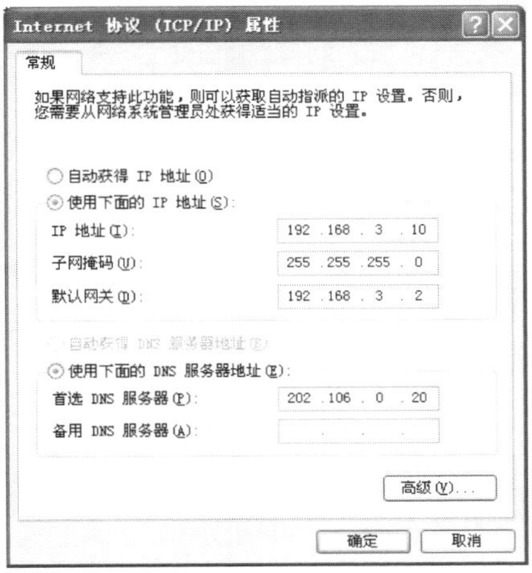

图 9-4　PC3 的 IP 地址

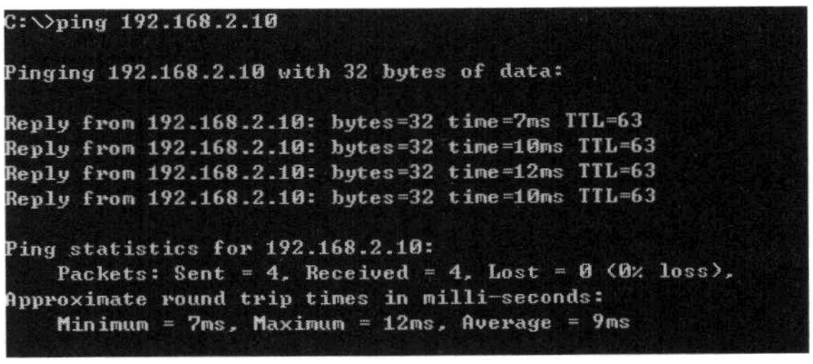

```
C:\>ping 192.168.2.10

Pinging 192.168.2.10 with 32 bytes of data:

Reply from 192.168.2.10: bytes=32 time=7ms TTL=63
Reply from 192.168.2.10: bytes=32 time=10ms TTL=63
Reply from 192.168.2.10: bytes=32 time=12ms TTL=63
Reply from 192.168.2.10: bytes=32 time=10ms TTL=63

Ping statistics for 192.168.2.10:
    Packets: Sent = 4, Received = 4, Lost = 0 (0% loss),
Approximate round trip times in milli-seconds:
    Minimum = 7ms, Maximum = 12ms, Average = 9ms
```

图 9-5　从 PC1 ping PC2

在 PC1 上验证与 PC3 的连通性，如图 9-6 所示。

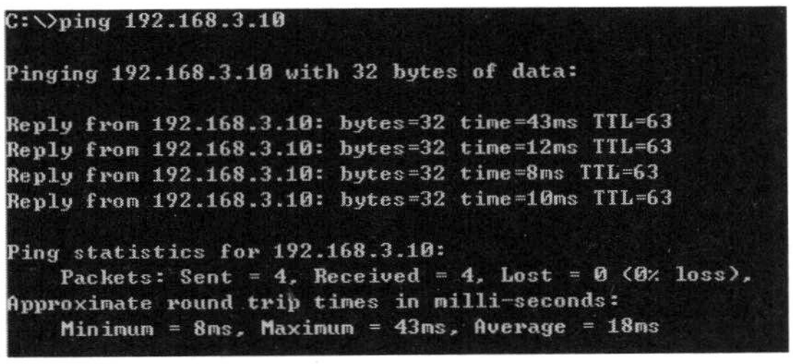

```
C:\>ping 192.168.3.10

Pinging 192.168.3.10 with 32 bytes of data:

Reply from 192.168.3.10: bytes=32 time=43ms TTL=63
Reply from 192.168.3.10: bytes=32 time=12ms TTL=63
Reply from 192.168.3.10: bytes=32 time=8ms TTL=63
Reply from 192.168.3.10: bytes=32 time=10ms TTL=63

Ping statistics for 192.168.3.10:
    Packets: Sent = 4, Received = 4, Lost = 0 (0% loss),
Approximate round trip times in milli-seconds:
    Minimum = 8ms, Maximum = 43ms, Average = 18ms
```

图 9-6　从 PC1 ping PC3

（8）在 PC3 上验证与其他网段的连通性

```
C:\>ping 192.168.1.10
Pinging 192.168.1.10 with 32 bytes of data:
Reply from 192.168.1.10: bytes=32 time=7ms TTL=127
Reply from 192.168.1.10: bytes=32 time=7ms TTL=127
Reply from 192.168.1.10: bytes=32 time=5ms TTL=127
Reply from 192.168.1.10: bytes=32 time=10ms TTL=127
Ping statistics for 192.168.1.10:
    Packets: Sent = 4, Received = 4, Lost = 0 (0% loss),
Approximate round trip times in milli-seconds:
    Minimum = 5ms, Maximum = 10ms, Average = 7ms
C:\>ping 192.168.2.10
Pinging 192.168.2.10 with 32 bytes of data:
Reply from 192.168.2.10: bytes=32 time=13ms TTL=62
Reply from 192.168.2.10: bytes=32 time=14ms TTL=62
Reply from 192.168.2.10: bytes=32 time=15ms TTL=62
```

Reply from 192.168.2.10: bytes=32 time=13ms TTL=62

Ping statistics for 192.168.2.10:

    Packets: Sent = 4, Received = 4, Lost = 0 (0% loss),

Approximate round trip times in milli-seconds:

    Minimum = 13ms, Maximum = 15ms, Average = 13ms

C:\>

    上面通过在 PC1 和 PC3 上验证与其他网段计算机的连通性，说明 3 个网段实现了互联互通。

    3. 通过在 R1、R2 路由器设置默认路由，使得 3 个楼层计算机能够相互访问

    （1）在 R1 上删除到 192.168.3.0 网段的静态路由

R1#conf t

R1(config)#**no ip route 192.168.3.0 255.255.255.0 f1/0**

R1(config)#do show ip route

Codes: C - connected, S - static, R - RIP, M - mobile, B - BGP

        D - EIGRP, EX - EIGRP external, O - OSPF, IA - OSPF inter area

        N1 - OSPF NSSA external type 1, N2 - OSPF NSSA external type 2

        E1 - OSPF external type 1, E2 - OSPF external type 2

        i - IS-IS, su - IS-IS summary, L1 - IS-IS level-1, L2 - IS-IS level-2

        ia - IS-IS inter area, * - candidate default, U - per-user static route

        o - ODR, P - periodic downloaded static route

Gateway of last resort is not set

C   192.168.1.0/24 is directly connected, FastEthernet1/1

C   192.168.2.0/24 is directly connected, FastEthernet1/0

C:\>ping 192.168.3.10   （在 PC1 上测试与 PC3 的连通性）

Pinging 192.168.3.10 with 32 bytes of data:

Reply from 192.168.1.1: Destination host unreachable.

Reply from 192.168.1.1: Destination host unreachable.

Reply from 192.168.1.1: Destination host unreachable.

Reply from 192.168.1.1: Destination host unreachable.

Ping statistics for 192.168.3.10:

    Packets: Sent = 4, Received = 4, Lost = 0 (0% loss),

Approximate round trip times in milli-seconds:

    Minimum = 0ms, Maximum = 0ms, Average = 0ms

C:\>

    （2）在 R2 上删除到楼层 1 的 192.168.1.0 网段的静态路由

R2#conf t

R2(config)#no ip route 192.168.1.0 255.255.255.0 f1/0

R2(config)#do show ip route

Codes: C - connected, S - static, R - RIP, M - mobile, B - BGP

        D - EIGRP, EX - EIGRP external, O - OSPF, IA - OSPF inter area

```
         N1 - OSPF NSSA external type 1, N2 - OSPF NSSA external type 2
         E1 - OSPF external type 1, E2 - OSPF external type 2
         i - IS-IS, su - IS-IS summary, L1 - IS-IS level-1, L2 - IS-IS level-2
         ia - IS-IS inter area, * - candidate default, U - per-user static route
         o - ODR, P - periodic downloaded static route
Gateway of last resort is not set
C       192.168.2.0/24 is directly connected, FastEthernet1/0
C       192.168.3.0/24 is directly connected, FastEthernet1/1
```

（3）在 R1 上添加默认路由

默认路由也是一种静态路由。简单地说，默认路由就是在没有找到任何匹配的具体路由条目的情况下才使用的路由。即只有当无任何合适的路由时，默认路由才被使用。在路由表中，默认路由以到网络 0.0.0.0（掩码为 0.0.0.0）的路由形式出现。

```
R1(config)#ip route 0.0.0.0 0.0.0.0 f1/0
R1#show ip route
Codes: C - connected, S - static, R - RIP, M - mobile, B - BGP
         D - EIGRP, EX - EIGRP external, O - OSPF, IA - OSPF inter area
         N1 - OSPF NSSA external type 1, N2 - OSPF NSSA external type 2
         E1 - OSPF external type 1, E2 - OSPF external type 2
         i - IS-IS, su - IS-IS summary, L1 - IS-IS level-1, L2 - IS-IS level-2
         ia - IS-IS inter area, * - candidate default, U - per-user static route
         o - ODR, P - periodic downloaded static route
Gateway of last resort is 0.0.0.0 to network 0.0.0.0
C       192.168.1.0/24 is directly connected, FastEthernet1/1
C       192.168.2.0/24 is directly connected, FastEthernet1/0
S*      0.0.0.0/0 is directly connected, FastEthernet1/0
R1#
```

（4）在 R2 上添加默认路由

```
R2(config)#ip route 0.0.0.0 0.0.0.0 f1/0
R2#show ip route
Codes: C - connected, S - static, R - RIP, M - mobile, B - BGP
         D - EIGRP, EX - EIGRP external, O - OSPF, IA - OSPF inter area
         N1 - OSPF NSSA external type 1, N2 - OSPF NSSA external type 2
         E1 - OSPF external type 1, E2 - OSPF external type 2
         i - IS-IS, su - IS-IS summary, L1 - IS-IS level-1, L2 - IS-IS level-2
         ia - IS-IS inter area, * - candidate default, U - per-user static route
         o - ODR, P - periodic downloaded static route
Gateway of last resort is 0.0.0.0 to network 0.0.0.0
C       192.168.2.0/24 is directly connected, FastEthernet1/0
C       192.168.3.0/24 is directly connected, FastEthernet1/1
S*      0.0.0.0/0 is directly connected, FastEthernet1/0
R2#
```

结果验证

1. PC1 测试 3 楼网段的连通性

```
C:\>ping 192.168.3.10
Pinging 192.168.3.10 with 32 bytes of data:
Reply from 192.168.3.10: bytes=32 time=9ms TTL=63
Reply from 192.168.3.10: bytes=32 time=10ms TTL=63
Reply from 192.168.3.10: bytes=32 time=12ms TTL=63
Reply from 192.168.3.10: bytes=32 time=9ms TTL=63
Ping statistics for 192.168.3.10:
    Packets: Sent = 4, Received = 4, Lost = 0 (0% loss),
Approximate round trip times in milli-seconds:
    Minimum = 9ms, Maximum = 12ms, Average = 10ms
C:\>
```

如果出现类似"Reply from 192.168.3.10: bytes=32 time=9ms TTL=63"的文字，则说明连通。

2. PC3 测试 1 楼网段的连通性

```
C:\>ping 192.168.1.10
Pinging 192.168.1.10 with 32 bytes of data:
Reply from 192.168.1.10: bytes=32 time=8ms TTL=127
Reply from 192.168.1.10: bytes=32 time=12ms TTL=127
Reply from 192.168.1.10: bytes=32 time=5ms TTL=127
Reply from 192.168.1.10: bytes=32 time=10ms TTL=127
Ping statistics for 192.168.1.10:
    Packets: Sent = 4, Received = 4, Lost = 0 (0% loss),
Approximate round trip times in milli-seconds:
    Minimum = 5ms, Maximum = 12ms, Average = 8ms
C:\>
```

如果 Lost=0（0% loss），说明连通性较好。

注意事项

静态路由适合在小型企业中配置，在路由器数目比较多的环境下，配置比较繁琐。配置静态路由时，需要在每台路由器中都配置到其他网络的路由项，如果忘记配置到其他网络的某个路由条目，会造成到该网络的不可到达。

在配置静态路由时，需要注意数据包是双向的，也就是说从 A 路由器到 B 路由器的访问，需要分别在 A 路由器和 B 路由器上都配置相应的路由条目，否则数据则是单向传送，不能双向互通，造成网络不能互访。

实训报告

请参见本书配套的电子教学资源包，并填写其中的实验报告。

任务 2   配置 RIP

在任务 1 中我们对路由器配置了静态路由和默认路由，通过操作感觉到网络中路由器数量较少时，配置静态路由工作量不是很大。如果路由器较多或是网络结构经常变动时，就会反映出配置静态路由的缺点，网络中新增加的路由器和已经存在的路由器都要重新进行配置，除了配置工作大量增加外，如果管理员在某台路由器上忘记配置一条路由项，则会造成网络不能相互访问的情况。如果采用动态路由协议，就会克服静态路由的不足避免大量重复劳动，下面我们就来学习其中的一种动态路由协议——RIP（Routing Information Protocol，路由信息协议）。

任务需求

为了解决任务 1 中配置繁琐，克服新增路由器后配置工作繁重的缺点，我们采用动态路由协议重新对 2 台路由器进行配置。要求通过动态路由协议，使 2 台路由器相互学习到网络的拓扑情况，自动更新各自的路由表。

任务分析

考虑到信息学校整个网络拓扑还是相对简单，而且路由器型号比较低（意味着路由器 CPU 运算能力不是很强，也不能运行一些高级的动态路由协议，如 BGP、IS-IS），所以我们选择 RIP 路由协议。RIP 路由协议是应用最为广泛的路由协议，具有简单、易掌握等特点，而且对 CPU 的占用率不高。

知识准备

路由协议是学习路由器中最为重要的内容，路由协议包括 RIP、OSPF、EIGRP、BGP 等。其中 BGP 是运营商采用的协议，一般小型企业很少采用，而 EIGRP 是 CISCO 公司私有协议，不是标准化的，和其他厂商的兼容性不好。所以在一般中小企业应用最多的就是 RIP 和 OSPF 两种路由协议。

1. 什么是路由选择协议

Routing protocols（路由协议）是用来在路由器之间确定到达目的地的可能路径并放置最佳的路径到路由表中以及一旦网络结构发生变化能动态地无需人为参与而适应这种变化，并正确地把这种变化反映到路由表中。

2. 路由协议的分类

（1）有类路由选择协议

在进行路由信息通告时，不携带子网掩码。如果整个网络运行相同的主类网络，但子网不同，则要求所有相同子网的子网掩码必须相同，否则会产生路由不可达问题。

（2）无类路由选择协议

无类路由选择协议在进行路由信息通告时传递子网掩码。无类路由选择协议支持变长子网掩码（VLSM）。

无类路由选择协议可以手工实施汇总；而有类路由选择协议只能自动汇总，没有手工汇总这种强大的控制网络传播的能力。

3. RIP 简介

RIP 是一个国际标准，所有的路由器厂商都支持它，而且 RIP 在各种操作系统中都能很容易地进行配置和故障排除。在那些没有冗余链路的网络中 RIP 能很好地进行工作，但 RIP 的最大毛病在于它无法在具有冗余链路的网络中有效地运用。所以对于大网络或需要具备冗余链路的网络，就必须考虑采用其他路由协议了。

RIP 属于距离矢量路由选择协议，距离矢量路由选择协议具有以下 2 个特点：

1）将路由表通过广播或组播的形式发送给所有配置了该协议的接口。

2）从接口接收邻居路由器发送来的路由信息，并根据距离和矢量的组合放入到路由表中。

RIP 使用跳数作为度量值来选择最佳路由，每经过一台路由器就认为是一跳，跳数的多少反映了数据包经过的路由器的数目，RIP 会选择跳数少的路由条目对数据包进行路由转发。RIP 规定 metric 取 0～15 之间的整数，大于或等于 16 的跳数被定义为无穷大，即目的网络或主机不可达。

RIP 包括 RIP-1 和 RIP-2 两个版本，RIP-1 不支持变长子网掩码（VLSM），RIP-2 支持变长子网掩码（VLSM），同时 RIP-2 支持明文认证和 MD5 密文认证。

RIP-1 使用广播发送报文。RIP-2 有两种传送方式：广播方式和组播方式，默认采用组播发送报文，RIP-2 的组播地址为 224.0.0.9。组播发送报文的好处是在同一网络中那些没有运行 RIP 的网段可以避免接收 RIP 的广播报文；另外，组播发送报文还可以使运行 RIP-1 的网段避免错误地接收和处理 RIP-2 中带有子网掩码的路由。

RIP 以 30s 为周期用 Response 报文广播自己的路由表。

收到邻居发送而来的 Response 报文后，RIP 计算报文中的路由项的度量值，比较其与本地路由表路由项度量值的差别，更新自己的路由表。

设备环境

1）因为信息中心办公楼共 3 层，需要各个楼层计算机之间相互访问，所以共需要 2 个路由器。R1（路由器 1）连接 1 层和 2 层办公网络，R2（路由器 2）连接 2 层和 3 层办公网络。

2）每个楼层需要有 1 台 2 层交换机（可网管交换机和非网管交换机均可），每个楼层办公室计算机都连接到相应楼层接入交换机上，每楼层交换机连接路由器。

3）每层办公室计算机的 IP 地址范围。

楼层	IP 地址
1	192.168.1.0/24
2	192.168.2.0/24
3	192.168.3.0/24

任务描述

1）建立逻辑拓扑图，把路由器 R1 的 F1/1 接口连接 SW1 交换机，F1/0 接口连接 SW2 交换机，路由器 R2 的 F1/0 接口连接 SW2 交换机，F1/1 接口连接 SW3 交换机。并把 PC1、PC2、PC3 分别连接 SW1、SW2、SW3 交换机。

2）通过在 R1、R2 路由器配置 RIP，使得 3 个楼层所有办公室计算机都能互相访问。

任务实施

1）建立逻辑拓扑图，如图 9-7 所示。

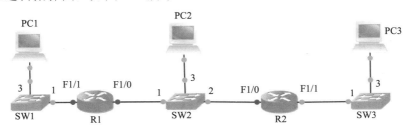

图 9-7 RIP 配置的拓扑图

2）通过在 R1、R2 路由器配置 RIP，3 个楼层所有办公室计算机都能互相访问。

① R1、R2 路由器的接口 IP 地址设置。

同任务 1 中 R1、R2 路由器接口 IP 地址设置相同，请参照任务 1 中 R1、R2 接口 IP 地址配置。

② 查看 R1 的路由表。

```
R1#show ip route
Codes: C - connected, S - static, R - RIP, M - mobile, B - BGP
       D - EIGRP, EX - EIGRP external, O - OSPF, IA - OSPF inter area
       N1 - OSPF NSSA external type 1, N2 - OSPF NSSA external type 2
       E1 - OSPF external type 1, E2 - OSPF external type 2
       i - IS-IS, su - IS-IS summary, L1 - IS-IS level-1, L2 - IS-IS level-2
       ia - IS-IS inter area, * - candidate default, U - per-user static route
       o - ODR, P - periodic downloaded static route
Gateway of last resort is not set
C    192.168.1.0/24 is directly connected, FastEthernet1/1
C    192.168.2.0/24 is directly connected, FastEthernet1/0
R1#
```

③ 查看 R2 的路由表。

```
R2#show ip route
```

```
Codes: C - connected, S - static, R - RIP, M - mobile, B - BGP
        D - EIGRP, EX - EIGRP external, O - OSPF, IA - OSPF inter area
        N1 - OSPF NSSA external type 1, N2 - OSPF NSSA external type 2
        E1 - OSPF external type 1, E2 - OSPF external type 2
        i - IS-IS, su - IS-IS summary, L1 - IS-IS level-1, L2 - IS-IS level-2
        ia - IS-IS inter area, * - candidate default, U - per-user static route
        o - ODR, P - periodic downloaded static route
Gateway of last resort is not set
C       192.168.2.0/24 is directly connected, FastEthernet1/0
C       192.168.3.0/24 is directly connected, FastEthernet1/1
R2#
```

④ R1 上配置 RIP 动态路由协议。

```
R1(config)#router rip                    (启动路由器的 RIP 路由进程)
R1(config-router)#version 2              (指明 RIP 的版本是 V2)
R1(config-router)#network 192.168.1.0   (选择参与 RIP 的路由器接口)
R1(config-router)#network 192.168.2.0   (选择参与 RIP 的路由器接口)
```

⑤ R2 上配置 RIP 动态路由协议。

```
R2(config)#router rip
R2(config-router)#version 2
R2(config-router)#net 192.168.2.0
R2(config-router)#net 192.168.3.0
```

⑥ 在 R1 上查看路由表。

```
R1#show ip route
Codes: C - connected, S - static, R - RIP, M - mobile, B - BGP
        D - EIGRP, EX - EIGRP external, O - OSPF, IA - OSPF inter area
        N1 - OSPF NSSA external type 1, N2 - OSPF NSSA external type 2
        E1 - OSPF external type 1, E2 - OSPF external type 2
        i - IS-IS, su - IS-IS summary, L1 - IS-IS level-1, L2 - IS-IS level-2
        ia - IS-IS inter area, * - candidate default, U - per-user static route
        o - ODR, P - periodic downloaded static route
Gateway of last resort is not set
C       192.168.1.0/24 is directly connected, FastEthernet1/1
C       192.168.2.0/24 is directly connected, FastEthernet1/0
R       192.168.3.0/24 [120/1] via 192.168.2.2, 00:00:04, FastEthernet1/0
R1#
```

路由表中显式有两种类型的路由，一种标记为 R，另一种标记为 C。标记为 R 的表示通过 RIP 学习到的路由，标记为 C 的表示的是直连路由。

R   192.168.3.0/24 [120/1] via 192.168.2.2, 00:00:04, FastEthernet1/0 含义：

☞ R：路由条目是通过 RIP 路由协议学习来的。

☞ 192.168.3.0/24 目标网络。

☞ 120：RIP 路由协议的默认管理距离。

☞ 1：度量值，从路由器 R1 到达 192.168.4.0/24 网络的度量值为 3 跳。

☞　192.168.2.2：到达目标网络的下一跳地址。

☞　00:00:04：距离下一次更新还有 26s（30-4）。

☞　FastEthernet1/0：接收该路由条目的本地路由器的接口。

⑦　在 R2 上查看路由表。

```
R2#show ip route
Codes: C - connected, S - static, R - RIP, M - mobile, B - BGP
       D - EIGRP, EX - EIGRP external, O - OSPF, IA - OSPF inter area
       N1 - OSPF NSSA external type 1, N2 - OSPF NSSA external type 2
       E1 - OSPF external type 1, E2 - OSPF external type 2
       i - IS-IS, su - IS-IS summary, L1 - IS-IS level-1, L2 - IS-IS level-2
       ia - IS-IS inter area, * - candidate default, U - per-user static route
       o - ODR, P - periodic downloaded static route
Gateway of last resort is not set
R    192.168.1.0/24 [120/1] via 192.168.2.1, 00:00:11, FastEthernet1/0
C    192.168.2.0/24 is directly connected, FastEthernet1/0
C    192.168.3.0/24 is directly connected, FastEthernet1/1
R2#
```

结果验证

1. 在 PC1 上验证连通性

```
C:\>ping 192.168.3.10
Pinging 192.168.3.10 with 32 bytes of data:
Reply from 192.168.3.10: bytes=32 time=27ms TTL=62
Reply from 192.168.3.10: bytes=32 time=18ms TTL=62
Reply from 192.168.3.10: bytes=32 time=16ms TTL=62
Reply from 192.168.3.10: bytes=32 time=10ms TTL=62
Ping statistics for 192.168.3.10:
    Packets: Sent = 4, Received = 4, Lost = 0 (0% loss),
Approximate round trip times in milli-seconds:
    Minimum = 10ms, Maximum = 27ms, Average = 17ms
C:\>
```

Lost = 0（0% loss）说明连通性较好。

2. 在 PC3 上验证连通性

```
C:\>ping 192.168.1.10
Pinging 192.168.1.10 with 32 bytes of data:
Reply from 192.168.1.10: bytes=32 time=28ms TTL=126
Reply from 192.168.1.10: bytes=32 time=20ms TTL=126
Reply from 192.168.1.10: bytes=32 time=15ms TTL=126
Reply from 192.168.1.10: bytes=32 time=18ms TTL=126
Ping statistics for 192.168.1.10:
    Packets: Sent = 4, Received = 4, Lost = 0 (0% loss),
Approximate round trip times in milli-seconds:
```

Minimum = 15ms, Maximum = 28ms, Average = 20ms

C:\>

Lost = 0（0% loss）说明连通性较好。

注意事项

1）配置动态路由的一般步骤如下：

① 为路由器每个接口配置 IP 地址。

② 在路由进程中宣告所有直联网段。

③ 配置 RIP 动态路由协议中的其中可选信息。

2）配置 RIP 动态路由协议后，如果发现网络不能互联，应注意通过 show ip route 命令查看路由表。还可以用 debug ip rip 命令来查看路由器的输出信息。

实训报告

请参见本书配套的电子教学资源包，并填写其中的实训报告。

任务 3　NAT 地址转换

随着互联网的飞速发展，IP 地址短缺的问题也越来越严重。虽然 IPv6 地址空间非常大，完全可以提供给各种主机在互联网上访问到的地址，但 IPv6 的部署还需要一段时间，在 IPv6 还没有普及时，解决 IPv4 地址的短缺问题对于每个企业来说，都是一件必须考虑的事情。

任务需求

信息学校通过 ISP 提供的线路接入到互联网。ISP 提供给学校几个公网地址和网关（ISP 的接入地址），但学校计算机较多，如果把 ISP 提供的几个公网地址分配给主机，远远不能满足所有计算机方便访问互联网的要求。现在网络管理员需要在学校路由器上配置 NAT，来完成地址转换，使得内部所有计算机都能访问互联网。

任务分析

为了完成这个任务，需要使用 1 台企业的出口路由器和 1 台模拟 ISP 路由器，在学校的出口路由器上配置 NAT。本任务中我们用 2 台计算机来代替这 2 台内部路由器。

知识准备

1．私有地址和公网地址

互联网要求网络上每个网络接口都有一个唯一的地址。这个地址是全球唯一的，并可以被其他互联网上的计算机访问，这个地址被称为公网地址。公网地址的分配由 IANA（Internet Assigned Numbers Authority，Internet 编号分配机构）来完成。

企业内部一般使用私有地址进行内部计算机地址的分配，这种私有地址可以在企业内部实现通信，但这些地址不能在互联网上进行通信。

RFC1918 将下面 3 个地址范围作为私有地址。

① 10.0.0.0—10.255.255.255。

② 172.16.0.0—172.31.255.255。

③ 192.168.0.0—192.168.255.255。

2．术语解释

1）内部局部（inside local）地址：在内部网络使用的地址。

2）内部全局（inside global）地址：用来代替一个或者多个本地 IP 地址的、对外的地址。

3）外部局部（outside local）地址：一个外部主机相对于内部网络所用的 IP 地址，不一定是合法的地址。

4）外部全局（outside global）地址：外部主机的合法 IP 地址。

3．NAT 简介

NAT（网络地址转换）能解决不少令人头疼的问题。它解决问题的办法是：在内部网络中使用私有地址，通过 NAT 把内部地址翻译成合法的 IP 地址并在 Internet 上使用。其具体的做法是把 IP 包内的地址域用合法的 IP 地址来替换。

NAT 通常被集成到路由器、防火墙、ISDN 路由器或者单独的 NAT 设备中。NAT 设备维护一个状态表，用来把非法的 IP 地址映射到合法的 IP 地址上去。每个包在 NAT 设备中都被翻译成正确的 IP 地址发往下一级，这意味着给处理器带来了一定的负担。但这对于一般的网络来说是微不足道的，除非是有许多主机的大型网络。

4．PAT 端口地址转换

PAT 在远程访问产品中得到了大量的应用，特别是在远程拨号用户使用的设备中。PAT 可以把内部的 TCP/IP 映射到外部一个注册 IP 地址的多个端口上。PAT 可以支持同时连接 64500 个 TCP/IP、UDP/IP，但实际可以支持的工作站个数会少一些。因为许多 Internet 应用如 HTTP，实际上由许多小的连接组成。

在 Internet 中使用 PAT 时，所有不同的 TCP 和 UDP 信息流看起来仿佛都来源于同一个 IP 地址。这个优点在小型办公室（SOHO）内非常实用，通过从 ISP 处申请的一个 IP 地址，将多个连接通过 PAT 接入 Internet。实际上，许多 SOHO 远程访问设备支持基于 PPP 的动态 IP 地址。这样，ISP 甚至不需要支持 PAT，就可以做到多个内部 IP 地址共用一个外部 IP 地址上的 Internet。虽然这样会导致信道的拥塞，但考虑到节省 ISP 上网费用和易管理的特点，用 PAT 还是很值得的。

5．静态 NAT

NAT 有 3 种类型：静态 NAT（static NAT）、NAT 池（pooled NAT）（也称动态地址转换）、端口 NAT（PAT）。

其中静态 NAT 设置起来最为简单，内部网络中的每个主机都被永久映射成外部网络中的某个合法的地址。静态地址转换将内部本地地址与内部合法地址进行一对一的转换，且需要指定和哪个合法地址进行转换。如果内部网络有 E-mail 服务器或 FTP 服务器等可以为外部用户提供的服务，那么这些服务器的 IP 地址必须采用静态地址转换，以便外部用户可以使用这些服务。

设备环境

1. 路由器 2 台，R1 和 R2 用线缆连接。
   R1 来模拟企业的出口路由器，R2 模拟 ISP 路由器。
2. 以太网交换机 1 台。
3. 计算机 2 台。

任务描述

1）连接 R1、R2，并配置 R1、R2 接口地址及 PC1 和 PC2 的 IP 地址。要求路由器 R1 的 F1/0 接口连接路由器 R2 的 F1/0 接口，路由器 R1 的 F1/1 接口连接交换机，并把 PC1、PC2 连接到交换机。要求路由器 F1/0 接口的 IP 地址为 10.63.168.1/24，F1/1 接口的 IP 地址为 192.168.0.254/24，路由器 R2 F1/0 接口的 IP 地址为 10.63.168.254/24，PC1 和 PC2 的 IP 地址分别为 192.168.0.2/24 和 192.168.0.3/24。

2）在 R1 路由器上配置静态 NAT，使 PC1、PC2 能与 R2 通信。

3）在 R1 路由器上配置动态 NAT，使 PC1、PC2 能与 R2 通信。

4）在 R1 路由器上配置 PAT，使 PC1、PC2 能与 R2 通信。

任务实施

1. 连接 R1、R2、PC1、PC2，并配置 R1、R2 接口地址及 PC1 和 PC2 的 IP 地址

（1）按照图 9-8 所示连接 R1、R2 两个路由器

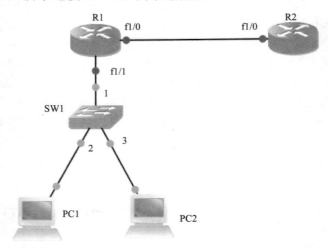

图 9-8　NAT 地址转换拓扑图

R1 的 F1/0 连接 R2 的 F1/0 接口，R1 的 F1/0 接口连接 SW1 交换机的 1 端口。PC1 连接 SW1 交换机的 2 端口，PC2 连接 SW1 交换机的 3 端口。

（2）配置 R1 的 F1/0 接口 IP 地址

```
Router#conf t
Router(config)#hostname R1
R1(config)#int f1/0
R1(config-if)#ip address 10.63.168.1 255.255.255.0
R1(config-if)#no shutdown
R1(config-if)#
```

（3）配置 R2 的 F1/0 接口 IP 地址

```
Router>en
Router#conf t
Router(config)#hostname R2
R2(config)#int f1/0
R2(config-if)#ip address 10.63.168.254 255.255.255.0
R2(config-if)#no shutdown
```

（4）在 R1 上测试与 R2 的连通性

```
R1#ping 10.63.168.254
Type escape sequence to abort.
Sending 5, 100-byte ICMP Echos to 10.63.168.254, timeout is 2 seconds:
!!!!!
Success rate is 100 percent (5/5), round-trip min/avg/max = 8/32/68ms
R1#
```

（5）配置 R1 的 F1/1 接口 IP 地址

```
R1(config)#int f1/1
R1(config-if)#ip address 192.168.0.254 255.255.255.0
R1(config-if)#no shutdown
```

（6）配置 PC1 的 IP 地址及默认网关（见图 9-9）

（7）配置 PC2 的 IP 地址及默认网关（见图 9-10）

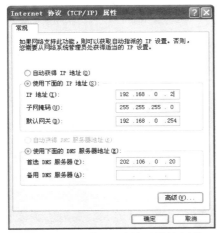

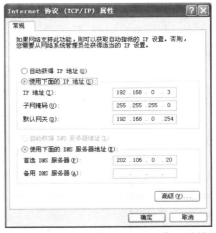

图 9-9　PC1 的 IP 地址及默认网关　　　　图 9-10　PC2 的 IP 地址及默认网关

2. 在 R1 路由器上配置静态 NAT，使 PC1、PC2 能与 R2 通信

（1）在 PC1 上测试与 R2 的连通性

```
C:\>ping 10.63.168.254
Pinging 10.63.168.254 with 32 bytes of data:
Request timed out.
Request timed out.
Request timed out.
Request timed out.
Ping statistics for 10.63.168.254:
    Packets: Sent = 4, Received = 0, Lost = 4 (100% loss),
C:\>
```

说明在配置 NAT 前，PC1 与 R2 路由器之间的链路不通。

（2）在 R1 上配置 NAT 服务

```
R1(config)#ip nat ?
  Stateful      Stateful NAT configuration commands
  inside        Inside address translation
  log           NAT Logging
  outside       Outside address translation
  pool          Define pool of addresses
  service       Special translation for application using non-standard port
  translation   NAT translation entry configuration
R1(config)#ip nat inside source static 192.168.0.2 10.63.168.2
R1(config)#ip nat inside source static 192.168.0.3 10.63.168.3
```
（把内部本地地址和内部全局地址之间手工做一对一的映射）
```
R1(config)#int f1/1
R1(config-if)#ip nat inside
R1(config-if)#int f1/0
R1(config-if)#ip nat outside
```

（3）配置 R2 路由器

```
R2(config)#ip route 0.0.0.0 0.0.0.0    f1/0
```

（4）在 PC1 上测试与 R2 路由器的连通性

```
C:\>ping 10.63.168.254
Pinging 10.63.168.254 with 32 bytes of data:
Reply from 10.63.168.254: bytes=32 time=32ms TTL=254
Reply from 10.63.168.254: bytes=32 time=22ms TTL=254
Reply from 10.63.168.254: bytes=32 time=12ms TTL=254
Reply from 10.63.168.254: bytes=32 time=9ms TTL=254
Ping statistics for 10.63.168.254:
    Packets: Sent = 4, Received = 4, Lost = 0 (0% loss),
Approximate round trip times in milli-seconds:
    Minimum = 9ms, Maximum = 32ms, Average = 18ms
C:\>
```

（5）在 PC2 路由器上测试与 R2 路由器的连通性

```
C:\>ping 10.63.168.254
Pinging 10.63.168.254 with 32 bytes of data:
Reply from 10.63.168.254: bytes=32 time=32ms TTL=254
Reply from 10.63.168.254: bytes=32 time=22ms TTL=254
Reply from 10.63.168.254: bytes=32 time=12ms TTL=254
Reply from 10.63.168.254: bytes=32 time=9ms TTL=254
Ping statistics for 10.63.168.254:
    Packets: Sent = 4, Received = 4, Lost = 0 (0% loss),
Approximate round trip times in milli-seconds:
    Minimum = 9ms, Maximum = 32ms, Average = 18ms
C:\>
```

我们在配置 NAT 后，内网计算机 PC1 和 PC2 可以访问路由器 R2。

（6）在 R1 路由器上调试

```
R1#debug ip nat
IP NAT debugging is on
R1#
*Apr   6 23:45:16.779: NAT*: s=192.168.0.2->10.63.168.2, d=10.63.168.254 [19252]
*Apr   6 23:45:16.803: NAT*: s=10.63.168.254, d=10.63.168.2->192.168.0.2 [19252]
*Apr   6 23:45:17.647: NAT*: s=192.168.0.3->10.63.168.3, d=10.63.168.254 [48564]
*Apr   6 23:45:17.671: NAT*: s=10.63.168.254, d=10.63.168.3->192.168.0.3 [48564]
*Apr   6 23:45:17.779: NAT*: s=192.168.0.2->10.63.168.2, d=10.63.168.254 [19422]
*Apr   6 23:45:17.803: NAT*: s=10.63.168.254, d=**10.63.168.2->192.168.0.2** [19422]
*Apr   6 23:45:18.683: NAT*: s=**192.168.0.3->10.63.168.3**, d=10.63.168.254 [48566]
*Apr   6 23:45:18.703: NAT*: s=10.63.168.254, d=10.63.168.3->192.168.0.3 [48566]
*Apr   6 23:45:18.783: NAT*: s=192.168.0.2->10.63.168.2, d=10.63.168.254 [19592]
*Apr   6 23:45:18.831: NAT*: s=10.63.168.254, d=10.63.168.2->192.168.0.2 [19592]
*Apr   6 23:45:19.671: NAT*: s=192.168.0.3->10.63.168.3, d=10.63.168.254 [48568]
*Apr   6 23:45:19.683: NAT*: s=10.63.168.254, d=10.63.168.3->192.168.0.3 [48568]
*Apr   6 23:45:19.787: NAT*: s=**192.168.0.2->10.63.168.2**, d=10.63.168.254 [19760]
*Apr   6 23:45:19.803: NAT*: s=10.63.168.254, d=10.63.168.2->192.168.0.2 [19760]
*Apr   6 23:45:20.695: NAT*: s=192.168.0.3->10.63.168.3, d=10.63.168.254 [48570]
*Apr   6 23:45:20.719: NAT*: s=10.63.168.254, d=10.63.168.3->192.168.0.3 [48570]
*Apr   6 23:45:20.791: NAT*: s=192.168.0.2->10.63.168.2, d=10.63.168.254 [19925]
```

由此可看出 NAT 网络地址转换功能的具体情况。可以看出一个数据包的源地址和转换后的 IP 地址。

3．在 R1 路由器上配置动态 NAT，使 PC1、PC2 能与 R2 通信

（1）在 R1 路由器上清除上面步骤配置的所有 NAT 配置

```
R1(config)#no ip nat inside source static 192.168.0.2 10.63.168.2
R1(config)#no ip nat inside source static 192.168.0.3 10.63.168.3
R1(config)#int   f1/0
R1(config-if)#no ip nat outside
```

```
R1(config)#int   f1/1
R1(config-if)#no ip nat inside
```
（2）在 R1 路由器上配置动态 NAT
```
R1(config)#ip nat pool zyh 10.63.168.2 10.63.168.10 netmask 255.255.255.0
R1(config)#ip nat inside source list 1 pool zyh
R1(config)#access-list 1 permit any
R1(config)#int f1/1
R1(config-if)#ip nat inside
R1(config)#int   f1/0
R1(config-if)#ip nat outside
R1(config-if)#
```
（3）在 PC1 上测试与 R2 的连通性
```
C:\>ping 10.63.168.254
Pinging 10.63.168.254 with 32 bytes of data:
Reply from 10.63.168.254: bytes=32 time=51ms TTL=254
Reply from 10.63.168.254: bytes=32 time=16ms TTL=254
Reply from 10.63.168.254: bytes=32 time=17ms TTL=254
Reply from 10.63.168.254: bytes=32 time=43ms TTL=254
Ping statistics for 10.63.168.254:
    Packets: Sent = 4, Received = 4, Lost = 0 (0% loss),
Approximate round trip times in milli-seconds:
    Minimum = 16ms, Maximum = 51ms, Average = 31ms
C:\>
```
（4）在 PC2 上测试与 R2 的连通性
```
C:\>ping 10.63.168.254
Pinging 10.63.168.254 with 32 bytes of data:
Reply from 10.63.168.254: bytes=32 time=51ms TTL=254
Reply from 10.63.168.254: bytes=32 time=16ms TTL=254
Reply from 10.63.168.254: bytes=32 time=17ms TTL=254
Reply from 10.63.168.254: bytes=32 time=22ms TTL=254
Ping statistics for 10.63.168.254:
    Packets: Sent = 4, Received = 4, Lost = 0 (0% loss),
Approximate round trip times in milli-seconds:
    Minimum = 16ms, Maximum = 51ms, Average = 24ms
    C:\>
```
结果说明 PC2 与 R2 路由器是连通的。

（5）在 R1 路由器上查看 NAT 信息
```
R1#debug ip nat    （使用 debug ip nat 命令查看转换的过程）
IP NAT debugging is on
*Apr   6 23:57:00.599: NAT*: s=192.168.0.3->10.63.168.2, d=10.63.168.254 [49975]
*Apr   6 23:57:00.599: NAT*: s=192.168.0.2->10.63.168.3, d=10.63.168.254 [1176]
*Apr   6 23:57:00.627: NAT*: s=10.63.168.254, d=10.63.168.2->192.168.0.3 [49975]
```

Apr　6 23:57:00.627: NAT: s=10.63.168.254, d=10.63.168.3->192.168.0.2 [1176]

Apr　6 23:57:01.575: NAT: s=192.168.0.3->10.63.168.2, d=10.63.168.254 [49977]

Apr　6 23:57:01.599: NAT: s=192.168.0.2->10.63.168.3, d=10.63.168.254 [1327]

Apr　6 23:57:01.607: NAT: s=10.63.168.254, d=10.63.168.2->192.168.0.3 [49977]

Apr　6 23:57:01.607: NAT: s=10.63.168.254, d=10.63.168.3->192.168.0.2 [1327]

Apr　6 23:57:02.595: NAT: s=192.168.0.3->10.63.168.2, d=10.63.168.254 [49979]

R1#show ip nat translations　（显示当前活跃的或正在被使用的转换条目）

Pro	Inside global	Inside local	Outside local	Outside global
---	**10.63.168.2**	**192.168.0.3**	---	---
	--- **10.63.168.3**	**192.168.0.2**	---	---

通过 show ip nat translations 命令可以清晰地看到内部计算机访问外网时 NAT 的地址转换情况。我们可以看出 192.168.0.3 计算机在访问外网时，被转换为 10.63.168.2，而 192.168.0.2 计算机在访问外网时，被转换为 10.63.168.3。

4. 在 R1 路由器上配置 PAT，使 R1 与 R2 通信

复用动态地址转换首先是一种动态地址转换，但是它可以允许多个内部本地地址共用一个内部合法地址。对于只申请到少量 IP 地址但却经常同时有多于合法地址个数的用户连接外部网络的情况，这种转换极为有用。

注意：当多个用户同时使用一个 IP 地址，外部网络通过路由器内部利用上层的如 TCP 或 UDP 端口号等唯一标识某台计算机。

Router(config)#access-list 列表号码 permit　源地址　源通配符掩码

使用一个标准访问列表定义允许被转换的内部本地地址。

R1(config)#no ip nat inside source list 1 pool zyh

Dynamic mapping in use, do you want to delete all entries? [no]: y

R1(config)#ip nat inside source list 1 pool zyh overload

R1(config)#

R1#ping 10.63.168.254　（在 PC1 上 ping R2 路由器 f1/0 接口的 IP 地址）

C:\>ping 10.63.168.254

Pinging 10.63.168.254 with 32 bytes of data:

Reply from 10.63.168.254: bytes=32 time=56ms TTL=254

Reply from 10.63.168.254: bytes=32 time=35ms TTL=254

Reply from 10.63.168.254: bytes=32 time=24ms TTL=254

Reply from 10.63.168.254: bytes=32 time=20ms TTL=254

Ping statistics for 10.63.168.254:

　　Packets: Sent = 4, Received = 4, Lost = 0 (0% loss),

Approximate round trip times in milli-seconds:

　　Minimum = 20ms, Maximum = 56ms, Average = 33ms

C:\>

C:\>ping 10.63.168.254（在 PC2 上 ping R2 路由器 f1/0 接口的 IP 地址）

Pinging 10.63.168.254 with 32 bytes of data:

Reply from 10.63.168.254: bytes=32 time=56ms TTL=254

Reply from 10.63.168.254: bytes=32 time=35ms TTL=254

Reply from 10.63.168.254: bytes=32 time=24ms TTL=254

Reply from 10.63.168.254: bytes=32 time=20ms TTL=254

Ping statistics for 10.63.168.254:

    Packets: Sent = 4, Received = 4, Lost = 0 (0% loss),

Approximate round trip times in milli-seconds:

    Minimum = 20ms, Maximum = 56ms, Average = 33ms

C:\>

R1#show ip nat translations（在路由器 R1 上查看地址转换情况）

Pro	Inside global	Inside local	Outside local	Outside global
icmp	**10.63.168.5:512**	**192.168.0.3:512**	**10.63.168.254:512**	**10.63.168.254:512**
icmp	**10.63.168.5:768**	**192.168.0.2:768**	**10.63.168.254:768**	**10.63.168.254:768**

R1#show ip nat statistics   （显示当前活跃的或正在被使用的转换条目）

Total active translations: 2 (0 static, 2 dynamic; 2 extended)

Outside interfaces:

  FastEthernet1/0

Inside interfaces:

  FastEthernet1/1

Hits: 4319   Misses: 4

Expired translations: 0

Dynamic mappings:

-- Inside Source

[Id: 2] access-list 1 pool zyh refcount 2

 pool zyh: netmask 255.255.255.0

       start **10.63.168.2 end 10.63.168.10**

       type generic, total addresses 9, allocated 1 (11%), misses 0

R1#

结果验证

1）在 PC1、PC2 路由器上 ping R2 路由器的 F1/0 接口地址，如果能够 ping 通，说明 NAT 配置正确。

2）在 R1 路由器上用 show ip nat statistics 查看路由器上 NAT 的信息，注意观察地址转换情况。

3）在 R1 路由器上用 debug ip nat 来查看路由器的 NAT 输出信息。

注意事项

1）如果地址转换不能出现在转换表中请按以下项目进行检查

① 检查配置是否正确。

② 检查路由器的入栈方向是否有 ACL 拒绝条目的存在。

③ 检查源访问列表是否设置正确。

④ 检查 NAT 地址池中是否有足够的地址。

⑤ 检查相应的接口上是否正确设置了 ip nat inside 或者 ip nat outside 命令。

2）注意配置 ACL 时，ACL 默认值为 DENY。使用访问控制列表（ACL）可以明确控制内部那个网段的计算机通过 NAT 访问互联网。

实训报告

请参见本书配套的电子教学资源包，并填写其中的实训报告。

任务 4　单臂路由

处于不同 VLAN 的计算机即使它们在同一台交换机（这里指的交换机为 2 层交换机）上，它们之间的通信也必须使用路由器。可以使每个 VLAN 上都有一个以太接口和路由器相连，但这种方法需要占用路由器的接口过多，例如，有 5 个 VLAN 需要相互通信，就需要路由器上有 5 个以太接口。单臂路由提供了另一种解决方案，路由器只需要一个以太网接口和交换机连接，交换机这个接口设置为 TRUNK 接口。在路由器这个接口创建多个不同的子接口，子接口是路由器物理接口的逻辑接口。

任务需求

信息学校培训中心有 20 台计算机，其中 10 台计算机为培训中心办公室计算机，另外 10 台为给参加培训学员用的计算机。现在为了安全性和隔离广播风暴，需要在培训中心交换机中划分 VLAN，并要求办公室计算机和培训学员的计算机能够相互访问。

任务分析

培训中心有一台二层交换机通过路由器与外网连接。由于设备条件限制，我们可以将培训中心的办公室计算与学员用的计算机，分别划分到交换机不同的 VLAN 中，然后在路由上划分子接口设置单臂路由即可。

知识准备

1. 单臂路由原理

子接口是物理接口的逻辑接口。当交换机收到 VLAN 10 中计算机发送的数据帧后，从交换机的 TRUNK 接口发送给路由器，由于是 TRUNK 链路，数据帧中带有 VLAN 10 的标签，路由器收到该帧后，将把 TRUNK 标签去掉，重新用 VLAN 20 的标签进行封装，通过 TRUNK 链路发送给交换机的 TRUNK 接口。交换机收到该数据帧，去掉 VLAN 20 标签，发送给 VLAN 20 中的计算机，实现了两个 VLAN 之间的通信。

2. 路由器和三层交换机

单臂路由是在交换机属于二层交换机时的应用，如果使用三层交换机，就不需要用到单臂路由，即不需要使用路由器。三层交换机可以实现不同 VLAN 之间的互访，而且通过交换机实现 VLAN 之间的访问，速度快于通过路由器方式。因为三层交换机是通过硬件来实现转发，其速率是通过路由器转发数据的几十倍。

设备环境

1）一台 2 层交换机，具有网管功能，本任务使用 CISCO 3560 交换机。CISCO 3560 属于三层交换机，试验前，已经关闭了 CISCO 3560 的三层功能。

2）一台路由器，并带有一个以太网口。本任务采用 CISCO 2561 路由器。

3）两台计算机，分别接入到 VLAN 10 和 VLAN 20。

任务描述

1）构建连接，并配置交换机。要求路由器 R1 的 F0/1 接口连接交换机的 48 端口，PC1 与 PC2 分别连接交换机的 1 端口和 11 端口。

2）配置路由器，使得 PC1 与 PC2 在不同 VLAN 间可以通信。

任务实施

1. 构建连接，并配置交换机

（1）连接设备

交换机的 48 端口连接路由器 R1 的 F0/1 接口，交换机的 1 端口连接 PC1，交换机的 11 端口连接 PC2。本任务中交换机采用 CISCO 3560，路由器采用 CISCO 2651，如图 9-11 所示。

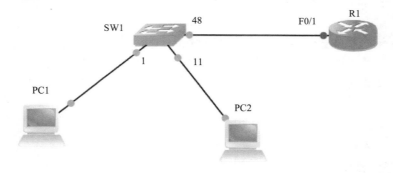

图 9-11　单臂路由拓扑图

（2）交换机划分 VLAN

```
Switch#conf t
Switch(config)#hostname sw3560    （给交换机命名）
```

sw3560(config)#

sw3560(config)#vlan 10 （创建 VLAN 10）

sw3560(config)#vlan 20 （创建 VLAN 20）

sw3560(config-vlan)#exit

sw3560(config)#int range fa0/1-10（把端口 1～端口 10 分配到 VLAN 10）

sw3560(config-if-range)#switchport mode access

sw3560(config-if-range)#switchport access vlan 10

sw3560(config)#int range fa0/11-20 （把端口 11～端口 20 分配到 VLAN 20）

sw3560(config-if-range)#switchport mode access

sw3560(config-if-range)#switchport access vlan 20

（3）在交换机 48 端口设置为 TRUNK

sw3560(config)#int fa0/48

sw3560(config-if)#switchport trunk encapsulation dot1q

sw3560(config-if)#switchport mode trunk（mode 后面可以跟 allowed、encapsulation、nativ、pruning 参数，这里指定为 trunk）

2．配置路由器，使得 PC1 与 PC2 在不同 VLAN 间可以通信

r2610(config)#int f0/1

r2610(config-if)#no shu

r2610(config-if)#int f0/1.1 （创建子接口）

r2610(config-subif)#encapsulation dot1Q 10 （子接口 1 被封装的协议是 dot1Q，相关的 VLAN 号是 10）

r2610(config-subif)#ip address 192.168.0.254 255.255.255.0（路由器的子接口 IP 地址，这个地址是 VLAN 10 的网关）

r2610(config-subif)#int f0/1.2

r2610(config-subif)#encapsulation dot1Q 20 （子接口 2 被封装的协议是 dot1Q，相关的 VLAN 号是 20）

r2610(config-subif)#ip address 192.168.1.254 255.255.255.0 （路由器的子接口 IP 地址，这个地址是 VLAN 20 的网关）

r2610#show ip route（显示路由的路由表）

Codes: C - connected, S - static, R - RIP, M - mobile, B - BGP

　　　D - EIGRP, EX - EIGRP external, O - OSPF, IA - OSPF inter area

　　　N1 - OSPF NSSA external type 1, N2 - OSPF NSSA external type 2

　　　E1 - OSPF external type 1, E2 - OSPF external type 2

　　　i - IS-IS, su - IS-IS summary, L1 - IS-IS level-1, L2 - IS-IS level-2

　　　ia - IS-IS inter area, * - candidate default, U - per-user static route

　　　o - ODR, P - periodic downloaded static route

Gateway of last resort is not set

C　　192.168.0.0/24 is directly connected, FastEthernet0/1.1

C　　192.168.1.0/24 is directly connected, FastEthernet0/1.2

显示路由的路由表，从中可以看到，有两个路由条目，目标网络分别是 VLAN 10 和 VLAN 20 对应的 192.168.0.0/24 和 192.168.1.0/24，注意到两个网段的接口分别为 FastEthernet0/1.1 和 FastEthernet0/1.2。

3．配置计算机的 IP 地址

1）配置 PC1 的 IP 地址为 192.168.0.1，PC1 的网关为 192.168.0.254。

2）配置 PC2 的 IP 地址为 192.168.1.1，PC1 的网关为 192.168.1.254。

4. 在 PC2 上 ping PC1

```
C:\Documents and Settings\Administrator>ping 192.168.0.1
Pinging 192.168.0.1 with 32 bytes of data:
Reply from 192.168.0.1: bytes=32 time<1ms TTL=127
Reply from 192.168.0.1: bytes=32 time<1ms TTL=127
Reply from 192.168.0.1: bytes=32 time<1ms TTL=127
Reply from 192.168.0.1: bytes=32 time<1ms TTL=127
Ping statistics for 192.168.0.1:
    Packets: Sent = 4, Received = 4, Lost = 0 (0% loss),
Approximate round trip times in milli-seconds:
    Minimum = 0ms, Maximum = 0ms, Average = 0ms
C:\Documents and Settings\Administrator>
```

从 PC2 Ping PC1，发送了 4 个数据包，收到 4 个数据包，表示网络连通。

结果验证

1）从 PC1 ping PC2，如果 ping 成功，说明路由器在不同 VLAN 间转发数据包成功。

2）从 PC2 ping PC1，如果 ping 成功，说明路由器在不同 VLAN 间转发数据包成功。

3）在路由器上分别 Ping 测试 PC1 和 PC2，如果 Ping 成功，说明路由器在不同 VLAN 间转发数据包成功。

注意事项

1）路由器子接口也是一种逻辑接口，每个物理接口都可以支持几十亿个子接口。

2）在日常工作中，在局域网内部实现不同 VLAN 之间通信，尽量采用三层交换机，三层交换机采用硬件交换，速度比路由器快很多。

实训报告

请参见本书配套的电子教学资源包，并填写其中的实训报告。

任务 5 路由器综合实训

前面我们已经学习了静态路由、默认路由、RIP 动态路由协议、单臂路由和 NAT 网络地址转换，现在我们通过任务 5，对默认路由和 RIP 动态路由协议进行综合学习，以便提高解决实际问题的能力。

任务需求

信息学校规模较大，由 4 个校区组成，本校区、东校区、西校区及北校区。为了实现学校教育信息化，提高学校办公效率，4 个校区之间经常进行视频会议、文件传输等工作。现在学校希望把 4 个校区进行联网，实现互联互通。

任务分析

为了实现 4 个校区网络的连通，首先需要对连通工作进行仔细的分析，找出一个科学、合理的方案。经过领导与信息中心工作人员的研究，提出如下要求：

由于本校区的位置在东校区和西校区的中部，而且学校办公的重要数据都是存放在本校区的信息中心，所以本校区信息中心成为了学校的数据中心。东校区和西校区都通过线缆直接连接到本校区。

由于北校区离东校区非常近，如果北校区也直接租用电信部门的线路连接到本校区网络，则经济成本过高，因此可以采用北校区网络先接入东校区网络，然后通过东校区访问本校区的数据中心。

在本校区、东校区及西校区的路由器之间运行 RIP 动态路由协议，为了提高安全性，启用 RIP 的认证功能。

知识准备

CISCO 支持使 RIP 认证有效的两种接口认证模式：纯文本认证和 MD5 认证。RIP 的默认认证模式为纯文本认证。因为每一个 RIP 包发送的是未加密的认证值，为安全起见，RIP 认证尽量不要使用纯文本认证。当安全不成为问题时，例如，确保设置的主机不参加路由选择时，可使用纯文本认证。

1）明文认证时，被认证方发送 key chian 时，发送最低 ID 值的 key，并且不携带 ID；认证方接收到 key 后，和自己 key chain 的全部 key 进行比较，只要有一个 key 匹配就通过对被认证方的认证。

2）密文认证时，被认证方发送 key 时，发送最低 ID 值的 key，并且携带了 ID；认证方接收到 key 后，首先在自己的 key chain 中查找是否具有相同 ID 的 key，如果有相同 ID 的 key 并且 key 相同就通过认证，key 值不同就不通过认证。如果没有相同 ID 的 key，就查找该 ID 后面最近一个 ID 的 key；如果后面没有 ID，则认证失败。

3）RIP 的认证格式。

R1(config)#key chain cisco　　（配置钥匙链）

R1(config-keychain)#key 1　　（配置 KEY ID）

R1(config-keychain-key)#key-string zyh　　（配置 KEY ID 的密钥）

R1(config-keychain-key)#exit

R1(config-keychain)#int s1/0

R1(config-if)#ip rip authentication mode text

（在接口上启用认证，认证模式为明文，默认认证就是明文，也可以不明确指定）

R1(config-if)#ip rip authentication key-chain cisco　　（在接口上调用钥匙链）

R1(config-if)#exit

设备环境

1）每个校区均需要配置一台 CISCO 的路由器。

2）每个校区均配置若干台接入交换机，以便连接办公室计算机及学生机房，两个校区之间路由器的连接也需要通过交换机端口。

任务描述

1）连接各校区路由器的物理链路，并配置基本的接口地址。本校区路由器 R1 的 S1/1 接口连接西校区路由器 R4 的 S1/0 接口，本校区 R1 的 S1/0 接口连接东校区路由器 R2 的 S1/0 接口，东校区路由器 R2 的 S1/1 接口连接北校区路由器 R3 的 S1/0 接口。IP 地址分配见实训步骤中的表 9-1、表 9-2。

2）配置本校区、东校区、西校区路由器的 RIP 动态路由协议，并配置 RIP 的认证功能，要求 KEY ID 的密钥为 zyh，钥匙链名称为 bjsm。

3）在北校区路由器配置默认路由，可以访问其他 3 个校区的计算机。

任务实施

（1）连接各校区路由器的物理链路，并配置基本的接口地址

1）画出 4 个校区网络连接的拓扑图，如图 9-12 所示。

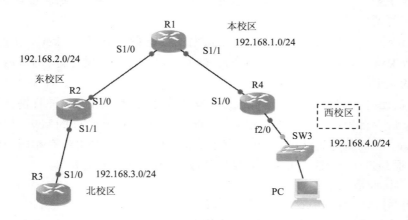

图 9-12　4 个校区的拓扑图

2）规划出 4 个校区的网络的 IP 地址，见表 9-1、表 9-2。

表 9-1 　4 个校区的 IP 地址范围

校区	IP 地址
本校区	192.168.1.0/24
东校区	192.168.2.0/24
西校区	192.168.4.0/24
北校区	192.168.3.0/24

表 9-2 　4 个校区路由器接口的 IP 地址

校区	路由器	S1/0 接口	S1/1 接口
本校区	R1	192.168.2.1	192.168.1.1
东校区	R2	192.168.2.2	192.168.3.2
西校区	R4	192.168.1.4	192.168.4.4（此接口为 f2/0）
北校区	R3	192.168.3.3	北校区路由器可不用 S1/1 接口

3）配置本校区路由器接口的 IP 地址。

```
R1(config)#int s1/0
R1(config-if)#ip address 192.168.2.1 255.255.255.0
R1(config-if)#no shutdown
R1(config-if)#int s1/1
R1(config-if)#ip address 192.168.1.1 255.255.255.0
R1(config-if)#no shutdown
R1(config-if)#
```

4）配置东校区路由器接口的 IP 地址。

```
R2(config)#int s1/0
R2(config-if)#ip address 192.168.2.2 255.255.255.0
R2(config-if)#no shutdown
R2(config-if)#int s1/1
R2(config-if)#ip address 192.168.3.2 255.255.255.0
R2(config-if)#no shutdown
```

5）配置西校区路由器接口的 IP 地址。

```
R4(config)#int s1/0
R4(config-if)#ip address 192.168.1.4 255.255.255.0
R4(config-if)#no shu
R4(config-if)#int f2/0
R4(config-if)#ip address 192.168.4.4 255.255.255.0
R4(config-if)#no shu
R4(config-if)#
```

6）配置北校区路由器接口的 IP 地址。

```
R3(config)#int s1/0
R3(config-if)#ip address 192.168.3.3 255.255.255.0
R3(config-if)#no shutdown
```

（2）配置本校区、东校区、西校区路由器的 RIP 动态路由协议，并配置 RIP 的认证功能

1）配置本校区路由器的 RIP。

```
R1(config)#router rip
```

```
R1(config-router)#version 2
R1(config-router)#net 192.168.1.0
R1(config-router)#net 192.168.2.0
```

2）配置东校区路由器的 RIP。

```
R2(config)#router rip
R2(config-router)#version 2
R2(config-router)#net 192.168.2.0
R2(config-router)#network 192.168.3.0
```

3）配置西校区路由器的 RIP。

```
R4(config)#router rip
R4(config-router)#version 2
R4(config-router)#network 192.168.1.0
R4(config-router)#network 192.168.4.0
```

4）配置本校区路由器的 RIP 认证功能。

通过上面配置 RIP 路由协议，已经可以实现 R1，R2，R4 3 个路由器的互通。但存在安全隐患，如果在链路中有人通过接入其他路由器（配置了 RIP），也能够获取各校区的网络架构。解决这一安全隐患的方法就是配置 RIP 的认证功能。

```
R1(config)#key chain bjsm      （配置钥匙链）
R1(config-keychain)#key 1      （配置 KEY ID）
R1(config-keychain-key)#key-string zyh    （配置 KEY ID 的密钥）
R1(config-keychain-key)#exit
R1(config-keychain)#int s1/0
R1(config-if)#ip rip authentication mode text    （启用认证，指定明文模式）
R1(config-if)#ip rip authentication key-chain bjsm    （在接口上调用钥匙链）
R1(config-if)#exit
R1(config)#int s1/1
R1(config-if)#ip rip authentication mode text
R1(config-if)#ip rip authentication key-chain bjsm
R1(config-if)#


R1#show ip route
Codes: C - connected, S - static, R - RIP, M - mobile, B - BGP
       D - EIGRP, EX - EIGRP external, O - OSPF, IA - OSPF inter area
       N1 - OSPF NSSA external type 1, N2 - OSPF NSSA external type 2
       E1 - OSPF external type 1, E2 - OSPF external type 2
       i - IS-IS, su - IS-IS summary, L1 - IS-IS level-1, L2 - IS-IS level-2
       ia - IS-IS inter area, * - candidate default, U - per-user static route
       o - ODR, P - periodic downloaded static route
Gateway of last resort is not set
C    192.168.1.0/24 is directly connected, Serial1/1
     C    192.168.2.0/24 is directly connected, Serial1/0
```

因为在 R1 路由器上启用了 RIP 的认证功能，而 R2 和 R4 路由器还没有启用 RIP 的认证功能，所以 R1 路由器路由表中没有从 R2 和 R4 路由器学习到的路由条目。

5）配置东校区路由器 R2 的 RIP 认证功能。

R2(config)#key chain bjsm　（配置钥匙链）
R2(config-keychain)#key 1　（配置 KEY ID）
R2(config-keychain-key)#key-string zyh（配置 KEY ID 的密钥）
R2(config-keychain-key)#int s1/0
R2(config-if)#ip rip
R2(config-if)#ip rip authentication mode text　（启用认证功能，默认认证模式就是明文，所以也可以不用明确指明 text 模式）
R2(config-if)#ip rip authentication key-chain bjsm　　（在接口上调用密钥链）
R2(config-if)#int s1/1
R2(config-if)#ip rip authentication mode text　（启用认证功能，默认认证模式就是明文，所以也可以不用明确指明 text 模式）
R2(config-if)#ip rip authentication key-chain bjsm（在接口上调用密钥链）
R2(config-if)#

6）配置西校区路由器 R4 的 RIP 认证功能。

R4(config)#key chain bjsm　（配置钥匙链）
R4(config-keychain)#key 1 (配置 KEY ID)
R4(config-keychain-key)#key-string zyh (配置 KEY ID 的密钥)
R4(config-keychain-key)#int s1/0
R4(config-if)#ip rip authentication mode text　（启用认证功能，默认认证模式就是明文，所以也可以不用明确指明 text 模式）
R4(config-if)#ip rip authentication key-chain bjsm　　（在接口上调用密钥链）
R4(config-if)#int f2/0
R4(config-if)#ip rip authentication mode text
R4(config-if)#ip rip authentication key-chain bjsm
R4(config-if)#

7）在 R4 路由器上查看路由表。

R4#show ip route
Codes: C - connected, S - static, R - RIP, M - mobile, B - BGP
　　　　D - EIGRP, EX - EIGRP external, O - OSPF, IA - OSPF inter area
　　　　N1 - OSPF NSSA external type 1, N2 - OSPF NSSA external type 2
　　　　E1 - OSPF external type 1, E2 - OSPF external type 2
　　　　i - IS-IS, su - IS-IS summary, L1 - IS-IS level-1, L2 - IS-IS level-2
　　　　ia - IS-IS inter area, * - candidate default, U - per-user static route
　　　　o - ODR, P - periodic downloaded static route

Gateway of last resort is not set
C　　　192.168.4.0/24 is directly connected, FastEthernet2/0
C　　　192.168.1.0/24 is directly connected, Serial1/0
R　　　192.168.2.0/24 [120/1] via 192.168.1.1, 00:00:08, Serial1/0
R　　　192.168.3.0/24 [120/2] via 192.168.1.1, 00:00:08, Serial1/0

由于 R1、R2 和 R4 路由器都启用了 RIP 的认证功能，这 3 台路由器彼此可以学习到另外两台路由器的路由信息，所以 R4 路由器中出现了两条以 R 为标记的路由条目。

（3）在北校区的路由器配置默认路由，可以访问其他 3 个校区的计算机

```
R3(config)#ip route 0.0.0.0 0.0.0.0 s1/0
```

结果验证

1）在 R1 路由器上测试与其他校区网络的连通性，分别在 R1 路由器上 ping 其他路由器的接口地址，如果能够 ping 通，说明网络连通。

2）在 R3 路由器上测试与其他校区网络的连通性，分别在 R3 路由器上 ping 其他路由器的接口地址，如果能够 ping 通，说明网络连通。

3）在 R4 路由器上测试与其他校区网络的连通性，分别在 R4 路由器上 ping 其他路由器的接口地址，如果能够 ping 通，说明网络连通。

注意事项

1）在配置 RIP 的认证功能时，注意每个路由器都要用相同的认证模式，如都是明文或者都是密文模式。

2）注意 RIP V1 没有认证功能，只有 RIP V2 才具备认证功能。

实训报告

请参见本书配套的电子教学资源包，并填写其中的实训报告。

任务6 交换机/路由器综合实训

前面已经讲解了路由器的一些基本配置，如 RIP，NAT，静态路由及默认路由和单臂路由，现在我们结合这些学到的知识，通过一个综合的交换机/路由器实验来解决一个小企业经常遇到的现实问题，以便提高学生掌握路由器的配置能力。

任务需求

信息学校培训中心在一个比较小的办公楼，计算机比较少，通过一根网线连接到互联网，互联网接入商提供一个固定的 IP 地址给培训中心，现在要实现培训中心所有计算机访问互联网。要求培训中心的办公区计算机在一个 VLAN，培训中心机房的计算机在另一个 VLAN，办公区计算机和机房的计算机可以互相访问，而且办公区计算机可以访问互联网，但机房计算机不能访问互联网。

任务分析

为了实现培训中心的网络要求，需要有一台路由器，1 台 2 层可网管交换机。在交换机上划分 2 个 VLAN 即 VLAN 10 和 VLAN 20。办公区计算机在 VLAN 10 内，机房计算机在

VLAN 20 中，通过配置路由器的内网接口单臂路由实现 VLAN 10 和 VLAN 20 相互访问。通过在路由器上配置 NAT，并配置 ACL 以达到只有办公区计算机可以访问互联网的要求。

知识准备

参照前面所练习的各任务内容了解以下知识点（其他知识准备不涉及此处略）。

1）交换机 VLAN 的划分。

2）路由器单臂路由的设置。

3）路由器 NAT 的配置。

4）ACL 访问控制列表设置。

设备环境

1）一台路由器，有 2 个以太网口，本任务以 CISCO 2561 为例讲解。

2）一台 48 口交换机，本任务以 CISCO 3560 为例讲解。

3）2 台计算机，分别放置到办公区 VLAN 和机房 VLAN。

4）可以接入互联网的线路。

任务描述

1）在 CISCO 交换机上划分 VLAN。要求划分 VLAN 10、VLAN 20，并把交换机端口 1～20 划分到 VLAN 10 中，21～40 端口划分到 VLAN 20 中。

2）配置单臂路由，使得机房 VLAN 和办公区 VLAN 可以相互访问。

3）在路由器上配置 NAT，并配置 ACL 列表，使得办公区计算机可以访问互联网，而机房计算机不能访问互联网。

任务实施

（1）在 CISCO 交换机上划分 VLAN

首先画出拓扑图，如图 9-13 所示。

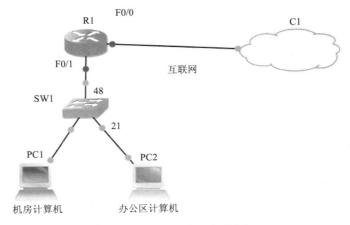

图 9-13　综合实训拓扑图

设备连接说明：

办公区计算机连接到交换机的 21～40 端口，并划分到 VLAN 20。实验中办公区计算机 PC2 接入到交换机 21 端口。

机房计算机连接到交换机的 1～20 端口，并划分到 VLAN 10，实验中机房 PC1 接入到交换机 1 端口。

交换机 48 端口连接路由器的 F0/1 接口。

路由器的 F0/0 接口接入互联网，F0/0 接口的 IP 地址为 10.63.169.234，网关为 10.63.169.193。

PC1 IP 地址为 192.168.10.1，网关为 192.168.10.254。

PC2 IP 地址为 192.168.20.1，网关为 192.168.20.254。

1）在交换机上划分 VLAN 10 和 VLAN 20。

```
sw3560(config)#vlan 10
sw3560(config-vlan)#exit
sw3560(config)#vlan 20
sw3560(config-vlan)#
```

2）把交换机端口 1～20 划分到 VLAN 10 中。

```
sw3560(config)#int range f0/1 -20
sw3560(config-if-range)#sw
sw3560(config-if-range)#switchport acce
sw3560(config-if-range)#switchport access vlan 10
```

3）把交换机端口 21～40 划分到 VLAN 20 中。

```
sw3560(config)#int range f0/21 -40
sw3560(config-if-range)#switchport access vlan 20
```

4）把 PC1 接入到交换机端口 1，并配置 PC1 的 IP 地址及网关，如图 9-14 所示。

5）把 PC2 接入到交换机端口 21，并配置 PC2 的 IP 地址及网关，如图 9-15 所示。

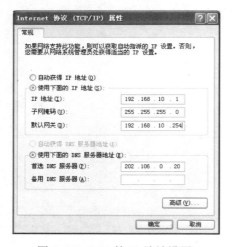

图 9-14　PC1 的 IP 地址设置

图 9-15　PC2 的 IP 地址设置

（2）配置单臂路由，使得机房 VLAN 和办公区 VLAN 可以相互访问

1）在交换机 48 端口配置 TRUNK。

```
sw3560(config-if)#switchport mode trunk
```

sw3560(config-if)#switchport trunk encapsulation dot1q

　　2）在路由器 F0/1 接口配置单臂路由功能。

r2610(config-if)#int f0/1

r2610(config-if)#no shu

r2610(config-if)#int f0/1.1

r2610(config-subif)#encapsulation dot1Q 10

r2610(config-subif)#ip address 192.168.10.254 255.255.255.0

r2610(config-subif)#int f0/1.2

r2610(config-subif)#encapsulation dot1Q 20

r2610(config-subif)#ip address 192.168.20.254 255.255.255.0

r2610(config-subif)#

　　3）在 PC2 上 ping PC1，验证 2 个 VLAN 之间是否可以互相通信。

C:\Documents and Settings\Administrator>ping 192.168.10.1

Pinging 192.168.10.1 with 32 bytes of data:

Reply from 192.168.10.1: bytes=32 time<1ms TTL=127

Reply from 192.168.10.1: bytes=32 time<1ms TTL=127

Reply from 192.168.10.1: bytes=32 time<1ms TTL=127

Reply from 192.168.10.1: bytes=32 time<1ms TTL=127

Ping statistics for 192.168.10.1:

　　Packets: Sent = 4, Received = 4, Lost = 0 (0% loss),

Approximate round trip times in milli-seconds:

　　Minimum = 0ms, Maximum = 0ms, Average = 0ms

C:\Documents and Settings\Administrator>

　　（3）在路由器上配置 NAT，并配置 ACL 列表，使得办公区计算机可以访问互联网，而机房计算机不能访问互联网

r2610(config)#int f0/0

r2610(config-if)#ip address 10.63.169.234 255.255.255.192

r2610(config-if)#no shutdown

r2610(config)#ip route 0.0.0.0 0.0.0.0　　10.63.169.193

r2610(config)# ip nat pool bjsm 10.63.169.234 10.63.169.236　　netmask 255.255.255.192

r2610(config)#ip nat inside source　　list 1 pool bjsm overload

r2610(config)#access-list 1 permit 192.168.20.0 0.0.0.255

r2610(config)#interface f0/1.1

r2610(config-subif)#exit

r2610(config)#interface f0/1.2

r2610(config-subif)#ip nat inside

r2610(config-subif)#int f0/0

r2610(config-if)#ip nat outside

　　（4）在办公区计算机 PC2 上测试

　　首先通过 ping 命令进行测试，如图 9-16 所示。

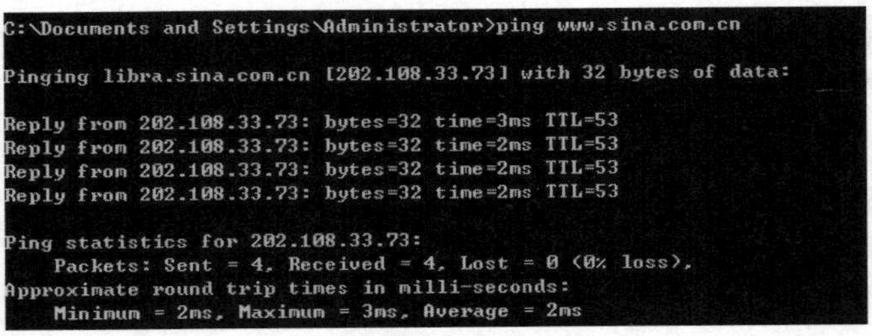

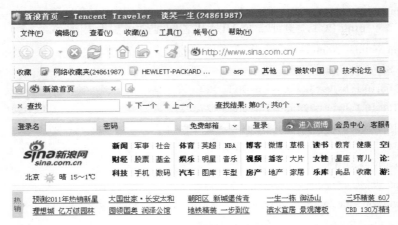

图 9-16　在 PC2 上测试连通性

由图 9-16 可知，可以 ping 通 www.sina.com.cn。再在办公区计算机 PC2 上打开浏览器，输入 http://www.sina.com.cn 网址，来测试连通性，如图 9-17 所示。

图 9-17　利用浏览器测试连通性

（5）在 PC1 上进行连通性测试（见图 9-18）

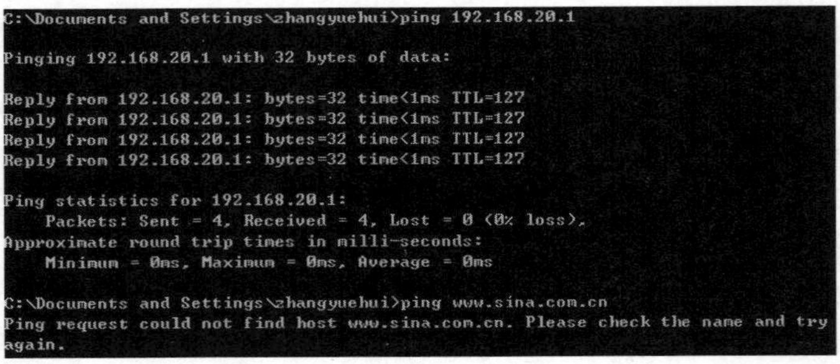

图 9-18　在 PC1 上测试连通性

结果验证

1）在 PC1 上访问 VLAN 20 中的计算机 PC2，如果能够 ping 通 PC2，说明 VLAN 10 和 VLAN 20 中计算机可以通信。

2）VLAN 20 中的计算机 PC2 访问 VLAN 10 中的计算机 PC1，如果能够 ping 通 PC2，

说明 VLAN 10 和 VLAN 20 中计算机可以通信。

3）计算机 PC1 通过浏览器访问互联网，如果不能打开网页，说明路由器配置正确。

4）VLAN 20 中的计算机 PC2 通过浏览器访问互联网，如果能够打开网页，说明路由器配置正确，然后在 PC2 中 ping www.sina.com 验证是否能连通。

注意事项

1）由于只允许办公区子网计算机访问互联网，所以用到了访问控制列表，我们可以通过配置访问控制列表来允许或者禁止某些计算机访问互联网。

2）由于两个子网都通过交换机 48 端口连接到路由器，所以交换机的 48 端口模式一定要设置为 TRUNK。

实训报告

请参见本书配套的电子教学资源包，并填写其中的实训报告。

附录 全国职业学校技能大赛
模拟试题举例

企业网络搭建及应用

竞赛试题

背景介绍

图附-1 为某企业网络的拓扑图,接入层采用二层交换机 S3950,汇聚核心层使用了一台三层交换机 S5526,网络边缘采用一台路由器 R2611 用于连接到外部网络。

为了增加链路的带宽,S5526 与 S3950 之间使用两条链路汇聚相连。S5526 上连接一台计算机,计算机上连接一台打印机,处于 VLAN 30 中。S3950 上连接一台 FTP 服务器和一台 Linux 服务器,两台服务器处于 VLAN 20 中。S5526 使用具有三层特性的物理端口与 R2611 相连,在 R2611 的外部接口上连接一台外部的 Web 服务器。

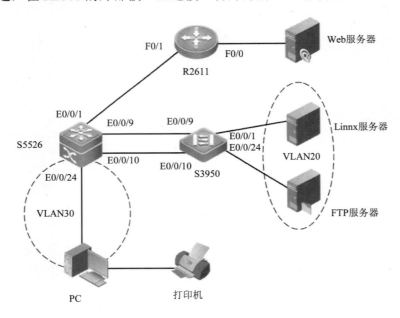

图附-1 某企业网络拓扑图

拓扑编址

Web 服务器（本机 IP）：1.1.1.2/24

虚拟机内 Windows2003 IP1：1.1.1.3/24 IP2：1.1.1.4/24

R2611 F0/0：1.1.1.1/24

R2611 F0/1：172.20.10.1/24

S5526 VLAN 10 接口：172.20.10.2/24 端口包括：E0/0/1

S5526 VLAN 20 接口：10.10.10.1/24

S5526 VLAN 30 接口：192.168.30.1/24 端口包括：E0/0/24

S3950 VLAN 20 端口包括：E0/0/1、E0/0/24

PC：IP 为 192.168.30.30/24

Linux 服务器（本机 IP）：10.10.10.10/24 虚拟机内 Linux 系统 IP：10.10.10.30/24

FTP 服务器（本机 IP）：10.10.10.20/24

虚拟机内 Windows 2008 IP：10.10.10.40/24

网络需求

为了实现网络资源的共享，需要计算机能够访问内部网络中的 FTP 服务器，以实现文件的上传和下载。并且 FTP 服务器（本机）及 Linux 服务器（本机）能远程使用计算机上的打印机，进行打印操作。计算机能够通过网络连接到外部的 Web 服务器，并能够进行 Web 网页的浏览。

网络部分要求

按照图附-1 所示的网络拓扑结构，连接相应的设备，并对设备进行配置，满足下列要求：

1）按照给定 IP 地址配置相应的设备，满足 IP 地址分配要求，在 S5526 与 S3950 上划分 VLAN，并把相应的端口加入到相应的 VLAN 中。

2）在 R2611 与 S5526 之间配置静态路由协议，使其相互之间可以访问。通过静态路由的配置实现全网的互通。

3）在 R2611 上配置动态地址转换（NAT），只允许 PC 可以访问外部 Web 服务器，其他计算机禁止访问 Web 服务器。

4）配置 S5526 与 S3950 之间的两条交换机之间的汇聚链路，设置端口组为 port-group 1 模式为 on。汇聚链路通道模式为 trunk，只允许 VLAN 20 通过。

5）在 S5526 上开启 telnet，用户名为 tel，简单类型密码为 admin，使 PC、FTP 服务器（本机）及 Linux 服务器（本机）能远程登录到 S5526。

Windows 部分要求

（1）在计算机上安装本地打印机，打印测试页一张，同时共享为网络打印机，共享打印机的共享名称为 E1600。使 FTP 服务器（本机）及 Linux 服务器（本机）能够进行远程打印。

（2）配置 Web 服务器，使 PC 能够使用域名浏览 Web 网页。

1）在 Web 服务器上使用 VMware Server 1.0.8 软件安装 Windows Server 2003 操作系统。虚拟机名称为 Windows Sever 2003，位置为 e:\Windows Server 2003，虚拟磁盘大小为 10G，管理员密码设置为空。

2）在 Windows Server 2003 中安装 Web（IIS）服务，及域名（DNS）服务，Web 服务

主目录为 C:\www，IP 地址 1.1.1.3；DNS 为 Web 服务器提供域名服务，域名为 www.xxx.com，IP 地址 1.1.1.4。

3）在 C:\www 目录中制作一个简单的（包括参赛队组号及一幅图片）网页（制作软件不限），文件名为 index.htm，作为 Web 服务的主页，在计算机中能够使用域名 www.xxx.com 进行 Web 网页的浏览。

（3）在 FTP 服务器上使用 VMware Server 1.0.8 软件安装 Windows Server 2008 Enterprise 操作系统。虚拟机名称为 Windows Sever 2008，位置为 e:\Windows Server 2008，虚拟磁盘大小为 10G，管理员密码设置为 Windows@2008（第一个字母大写），能够实现将 PC 中的文件或目录上传到 FTP 服务器。

1）FTP 服务器的新建站点名为：ftp；IP 地址为：10.10.10.40；新建站点目录为 c:\ftp；虚拟目录名为：admin；虚拟目录位置为 c:\temp。

2）FTP 服务器的新建站点允许匿名连接权限为只读，虚拟目录 admin 的权限为可读写。

3）将 R2611、S5526、S3950 的配置使用超级终端捕获为文本文件，保存在计算机的 E：\xxx 中，文件名用各设备名称命名（即 R2611.txt、S5526.txt、S3950.txt），同时上传一份到 FTP 服务器的 c:\temp 中，在 FTP 服务器上使用共享打印机将这些文件打印出来，写上参赛队组号后上交给评委。

Linux 部分要求

1）在 Linux 服务器上使用 VMware Server 1.0.8 软件安装 Fedora 8 操作系统。虚拟机名称为 Fedora-8，位置为 e:\Fedora-8，虚拟磁盘大小为 10G，安装图形界面，管理员密码设置为 123456。

2）设置 Fedora 8 的网卡 IP 地址为 10.10.10.30/24。

参 考 文 献

[1] 程庆梅. 计算机网络实训教程[M]. 北京：高等教育出版社，2009.

[2] 宁蒙. 局域网组建与维护[M]. 北京：机械工业出版社，2007.

[3] 曹建春. 计算机网络技术实训教程[M]. 北京：中国人民大学出版社，2010.

[4] 於建. 计算机网络技术实验实训指导[M]. 北京：机械工业出版社，2011.

[5] 张晖，杨云. 计算机网络实训教程[M]. 北京：人民邮电出版社，2008.

[6] 汪双顶，徐江峰. 计算机网络构建与管理[M]. 北京：高等教育出版社，2008.